U0155182

MUJI

无印良品_的
极 简 生 活 提 案

[日] 株式会社良品计划 编著　方宓 译

华中科技大学出版社
http://www.hustp.com
中国·武汉

有书至美
BOOK & BEAUTY

Part 1

住·收纳篇 Interior

Part 4

日用品篇 Daily Necessities　106

本书阅读须知

本书刊载的信息截至2019年4月。
商品价格、规格等信息或有不同。
如需了解无印良品的产品，请登录无印良品
官网（htpps://muji.net/）。

前言

拥有无印良品的产品，
让你的每一天从此变得轻松、愉快！

本书将邀请使用过无印良品的生活达人，
分别从衣、食、住、行几方面，
介绍便利的产品以及便利化生活的创意。
本书还为读者网罗期待已久的观叶植物及文具等便利杂货。

使用过无印良品的达人在书中发声，
分享使用心得，传授使用经验。
除此之外，经由以整理收纳顾问为首的4名专业人士共同认可，
那些便利的私藏干货，也将在此揭秘其使用方法。

具体的使用方法以及迫切想要入手的商品的信息，
都毫无保留地公布在本书中
如有中意的方法，请务必一试。

若本书能够即刻助力你的生活，
我们将深感荣幸。

生活达人
钟爱的无印良品大公开！

整理收纳、烹饪、时尚……
4位跨各领域的生活达人向你推荐
无印良品中令他们钟爱的单品
以及轻松应用于实际的方法！

造型师山本明子女士推荐
让你变美的
时尚单品

料理达人
Tackymama奥田和美女士推荐
厨房杂货＆
无印良品美味食谱

整理收纳顾问
Emi推荐
家务轻松收纳用品

意见领袖
低价好物带货能手Aya推荐
超值化妆＆
爱用单品

在木框中嵌入自己
喜欢的装饰布

壁挂框·A4尺寸用·橡木材
价格：2490日元

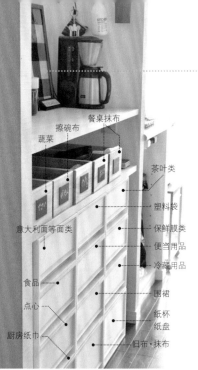

蔬菜
擦碗布
餐桌抹布

茶叶类
塑料袋
保鲜膜类
便当用品
冷藏用品
意大利面等面类
围裙
食品
点心
纸杯
纸盘
厨房纸巾
旧布·抹布

聚丙烯收纳盒系列
价格：因商品而异

整理收纳顾问
Emi的

家务轻松
收纳用品

自己制作的置物架

事先计划好要
收纳哪些物品

Emi

OURHOME人气博主、整理收纳顾问。育有一子一女的Emi擅长调动家人，共同享受惬意收纳、轻松家务。她涉足的领域甚广，包括以"找到我们一家人'恰到好处'的小日子"为理念，发布生活相关资讯，制作创意生活用品，开设讲座等。此外还著有《我的轻松家务时间》（WANIBOOKS出版）等共计12部书籍，累计销售量突破42万册。

instagram：
@OURHOME305

"1个种类1个收纳盒"
掌握厨房收纳原则
让取用方便轻松

　　去年，我重新规划了厨房收纳布局，上一次做这件事还是在8年前。收纳原则是1个种类1个收纳盒。我自己做了置物架，在我的记事簿①中写下要收纳哪些物品，同时根据使用频率调整了置物架的行数。

①原文为"my note"，指Emi坚持13年用作记录的笔记本。

用法多样

不锈钢悬挂式钢丝夹
（4个装）
价格：390日元

家人的水壶置于
挂架之上

在本节中，
"OURHOME"
人气博主Emi将
与我们分享一些
收纳单品及创意，
让我们一起将家
务和工作改造得
轻松愉快吧。

垂挂式收纳轻松易取
自然晾干保持清洁

　　"不锈钢悬挂式钢丝夹"是厨
房中的一大利器。家里人手一个的
水壶洗干净后，将零碎配件挂在壁
橱下方的支架上，很快就能晾干。
还可以将橡胶手套夹在挂式钢丝夹
上，既是晾干，也是收纳。垂挂式
自然晾干也可以节约时间。

晾干架也是
收纳架

铝制洗涤用衣架·3根装
宽约33厘米
价格：250日元

利用这支洗涤用衣架
晾衣、收纳全搞定！

    我们家特别爱用无印良品的铝制洗涤用衣架。晾衣、收纳可以兼用，有了它就不必考虑买2种衣架了。正好我的孩子也大了，我想趁此机会把小的换成大的，大人孩子都能用。

小尺寸的衣架适合挂孩子的衣物

所有家人共用一种衣架，整理起来很轻松

轻便又结实，挂上衣物后不会额外增加承重。

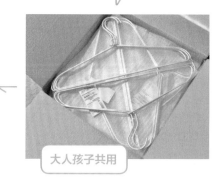

大人孩子共用

装浴盐

紧密重叠的毛巾,
取用时也毫不费力!

小物品只要归类存放即便收纳位置较深也拿取无忧!

用一个PP整理盒当作托盘,盛放3个一组的浴盐。只需将整理盒往外一拉,存放在深处的东西就能顺利拿取,而且也便于擦拭置物架,甚至可以用水清洗,非常方便。

PP整理盒4
价格:150日元

Emi自用款

功效跨界的护肤油同时护理指尖&发梢

50毫升装款正好可以装进出门用的化妆包里。它清爽、亲肤、吸收快,所以也可以用来护理指尖皮肤和发梢。无香料、无色素,还可以作为日常保湿和按摩油使用。

霍霍巴油
200毫升　价格:2490日元
100毫升　价格:1590日元
50毫升　价格:890日元

OFFICE

1人使用1个文件盒

PP文件盒标准型·A4用·灰白色　价格：690日元

将必需的资料全部收纳在一起
轻松管理资料或电器使用说明书！

各自占用1格，分别收纳！

　　我之所以爱用这款文件盒，是因为它可以让我每天的工作变得更轻松。把它放在办公桌上，1人占用1格，放置自己的文件。每天一上班就将各自的文件直接带到自己的工位上去使用。文件盒的材质相当结实，可以长期使用。

PP收纳盒系列

贴上标签，
让每个人都一目了然。

　　PP收纳盒系列适用于整理小物品，比如摄像器材的零件、文件或待客茶杯等。在小物品上贴上写有名称的标签，让办公室里每一个人都一目了然，而不必到处寻找。

将摄像器材分门别类贴上标签

环式文件夹　A4用·2孔·深灰色
价格：290日元

尺寸相同的文件夹
易于叠齐收纳。

　　用来装订工作资料的文件夹，最好是尺寸相同、设计简洁的文件夹。这样便于收纳，而且简洁的设计比较耐看。2孔式可以不断地装订资料，是我长年使用的物品。

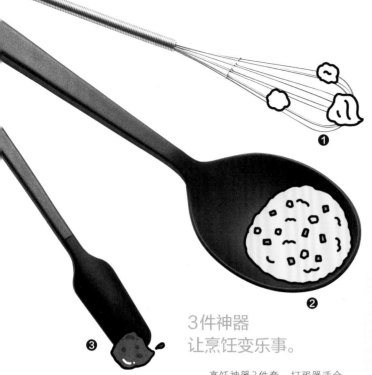

1 不锈钢打蛋器（小）
价格：390日元
2 硅胶料理勺
价格：859日元
3 硅胶果酱勺
价格：490日元

3件神器
让烹饪变乐事。

烹饪神器3件套。打蛋器适合搅拌味噌或其他膏状食材。果酱勺最适合刮取调味汁，因为它的韧性非常好，所以我买了3根。料理勺相当超值，它的大小、硬度、外观无一不完美，无论烹饪还是装盘，它都能胜任。

料理达人
Tackymama的

厨房
杂货

能够轻松搅拌味噌
等膏状食材！

弯曲度恰到好处，
用起来相当趁手

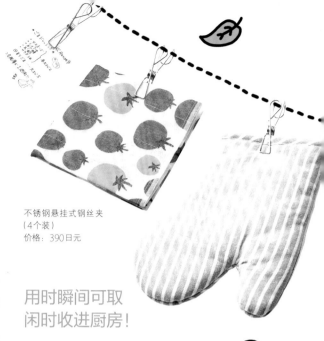

不锈钢悬挂式钢丝夹
（4个装）
价格：390日元

魅力超凡的美食烹饪家，
拥有名为"tackymama"
官方博客的奥田和美，将
与我们分享她日常爱用的
无印良品的各种厨房单品，
以及详解其使用方法。

用时瞬间可取
闲时收进厨房！

　　用钢线夹夹住隔热手套或擦碗布，
挂在抽油烟机下方，用时瞬间可取。"可
以夹得很紧，完全不担心会掉落"。听说
把菜谱打印出来夹在上面，还可以边做饭
边看，方便之极。

木制方型托盘
（约宽27×深19×高2厘米）
价格：1490日元

只需将日常饭食或点心盛
放在托盘中，
便可营造出板式家具风！

　　用木制托盘端出饭食的感觉，就像在
饭店里吃套餐一样，连孩子都因此而兴奋
不已。可以用来盛装1人份的餐食，备餐
也很轻松。木头的材质还能使饭菜看起来
更加美味。如果洒在托盘上，用抹布一下
就能擦干净。

完美收纳、简单拿取煎锅或便当餐具的单品！

在水槽下方的储物柜里摆3个文件盒，将长柄煎锅竖着放入。煎蛋器则可以放2～3个。其他类似烘焙用的小工具（模具、刮片、蛋糕底托等）以及便当餐具都可以分类收纳。

利落拿取各类锅具！

PP文件盒·标准型·宽·A4用·灰白色
价格：990日元

1 密封保存容器（可加盖微波、附带阀）
（大号　价格：1090日元/中号　价格：790日元/小号　价格：490日元/深型·中号　价格：890日元/深型·小号　价格：590日元）
2 液体和气味不外漏
附带阀密封珐琅制保存容器·大号
价格：1590日元

❶

绝佳的角度令
撇浮沫的操作无比轻松！

勺柄与滤网的连接角度绝佳，用来撇去汤面浮沫得心应手，滚烫的蒸气也不会灼伤手部皮肤。奥田女士还告诉我们，"特别是筛网的网眼非常细，用来筛粉砂糖也不在话下"。清洗和保养都特别容易。

不锈钢除浮沫勺
价格：790日元

方便好用可重叠的
保存容器系列

"可加盖微波"系列保存容器，可以连盒盖一同放入微波炉加热。无论保存还是加热，都不必再借助保鲜膜，方便指数升级。珐琅材质不吸味，密封性好，装有咖喱的保存容器放在冰箱里也不会串味。可以成套使用。

❷

最适合盛放煎炸食品
放入冷冻柜！

拉丝芝士、香脆法棍，多士炉10分钟搞定！

卡门伯特干酪烩

Tackymama的手艺
如此简单！无印良品
美味食谱 ❶

拌饭咖喱　彰显食材风味
黄油鸡肉咖喱　180克（1人份）
价格：350日元

Tackymama（奥田和美）
1968年生于兵库县，目前在大阪生活。育有二子，长子14岁、次子10岁。获日本食品协会资格。因在其个人博客"Tackymama@Happy Kitchen"中介绍各种轻松易做的美味料理，而迅速蹿红成为人气博主。著书《Tackymama的简单预备菜，清晨轻松搞定便当！》（扶桑社出版）获得2016年料理食谱类书籍奖。除杂志、电视、网络、广告等领域之外，还参与开发商家食谱。

【做法】

STEP 1

在平底煎锅（或其他耐高温容器）中放入黄油鸡肉咖喱。将卡门伯特干酪表面白色的部分薄薄刮去，放置在锅中央，在其周围放上小番茄、西蓝花。另外可以用牛油果或色彩鲜艳的蔬菜加以点缀。

STEP 2

将平底煎锅直接放在多士炉上加热10分钟左右。用法棍面包片蘸着咖喱和干酪享用。

完成

小番茄、西蓝花……适量

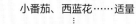

卡门伯特干酪……1个

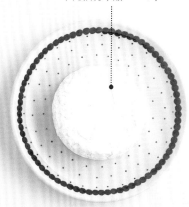

法棍面包片……适量

黄油鸡肉咖喱……1袋

巧克力的脆甜口感与多汁香橙搭配出绝妙口感！

巧克力岩盐曲奇饼干
搭配橘皮果酱

Tackymama的手艺
如此简单！无印良品
美味食谱❷

巧克力岩盐曲奇饼干
60克
价格：190日元

香橙片……1片，或香橙干

【 做法 】

STEP 1

巧克力与香橙是绝配。在奶油奶酪中放
入橘皮果酱，搅拌均匀后，厚厚涂抹在
曲奇饼干上，以此激发出绝佳口感。

STEP 2

将香橙片切十字刀，覆在曲奇饼干上，
迅速浇上蜂蜜。

↓

完成

蜂蜜……适量

奶油奶酪
（放置于常温下使之变软）
……1片

橘皮果酱……2大匙

巧克力岩盐曲奇饼干……60克

大容量包装
用起来却十分称手

　　无漂白原色棉180片装的化妆棉，性价比高、大小合宜，而且使用起来特别方便。

无漂白原色纯棉
180片装
约60×50毫米
价格：250日元

球形下摆虽不是常规设计
却穿搭无忧的休闲裙！

　　球形下摆的休闲裙、牛仔夹克都是以前在无印良品买的。裙子在横、竖两边都有很好的弹力，所以特别好穿。而且裙子上还带口袋，这一点让我特别中意。而且它布料厚、不透明，从质地上来说是四季都能穿的。

全套无印良品穿搭！

全套为模特私物

人气意见领袖、低价好物带货能手Aya与我们分享无印良品化妆工具以及穿搭单品。

TONING WATER
敏感肌用
药用美白化妆水

MOISTURISING MILK
HIGH MOISTURE
乳液·敏感肌用
高保湿タイプ

敏感肌用药用美白化妆水
200毫升
价格：1390日元

敏感肌用乳液·
高保湿型
200毫升
价格：780日元

持久保湿
套装使用更方便！

我每天都同时使用化妆水和乳液。即便单用化妆水也感觉滋润，保湿效果非常好。乳液容量大，价格却不高，用起来物美价廉。今后我也会每天配合化妆水一起用。

意见领袖、低价好物带货能手
Aya推荐

超值化妆&
爱用单品

低价好物带货能手
Aya

人气YouTube博主，上传的视频主要是GU、岛村、优衣库等品牌的低价单品，可爱的穿搭方法，以及简单的发型打理等。

首饰、眼镜类小物件都可集中存放在此系列收纳盒中

"因为工作的关系，我需要用到各种首饰，我选择这个系列的收纳盒，集中存放这些零碎物品"。这种拉开小抽屉就能取出小物件的收纳盒，用来装眼镜、手表也相当合适。什么东西放在哪里都一目了然。

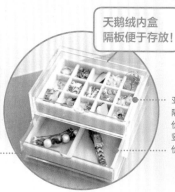

天鹅绒内盒
隔板便于存放！

亚克力箱用丝绒内箱
隔板·格子·灰色
价格：990日元
竖·灰色
价格：590日元

可叠放亚克力二层式抽屉
价格：1790日元

可叠放亚克力盒·横型5层
价格：3490日元

亚克力眼镜·小物品收纳盒
价格：2490日元

盒体透明一目了然！

在亚克力材质的收纳盒中集中存放首饰，整体感很好，而且透明盒子可以对存放的东西一目了然。因此，此款收纳盒可说是山本女士的钟爱之物。扁平的盒子非常适合收纳首饰类，如果加上隔板，就显得更加精致，更能加强收纳的功能。

休闲穿搭风的横纹款
时尚达人也爱回购

用山本女士的话说，"在无印良品一定要入手一件横纹T恤"。我特别喜欢米色+海军蓝的配色，一般在周日这种放松的日子里，穿这件横纹T恤。它的领口大小合适，选择M或L这样偏宽松的尺码，就很配现在的心情。

粗棉线天竺编织
长袖T恤（横纹）女式
价格：2990日元

横竖弹力牛仔裤
直筒　九分　女式
价格：3990日元

山本明子女士推荐

让你变美的
时尚单品

山本女士以造型师身份，活跃于女性杂志和广告等众多媒体。在这里，她将与我们分享如何利用无印良品的衣物，将自己变得更加美丽、时尚。

百搭的基本款牛仔裤！

要说基本款牛仔服是穿搭单品的救世主，这话丝毫不夸张。朝横竖方向拉伸都毫无压力的牛仔裤，穿着舒适，休闲风十足。口袋大小可以装下一部手机，用起来也很方便。九分裤长还可以美化腿形，容易搭配。

山本明子

作为时尚造型师，其涉猎的范围包括女性杂志和广告等多领域。秉持 "品味不是天生的，而是可以锻炼出来的" 这一信念的山本女士，举办过许多造型专题讲座。在其著书中大量介绍的造型技巧及经验广受读者好评，累计销量突破26万3000册。

住·收纳篇

轻松整理，长保整洁。

为畅快舒爽的生活保驾护航的

简易收纳好物＆室内用具大放送！

搞定整理！
经典收纳用品**13**选

01 将**化妆盒**改造成便于整理的玩具盒

孩子的玩具有大有小，形状各异，收纳这些令人头疼的玩具，我们需要拥有多种尺寸的"聚乙烯软盒"。它材质柔软，可以放心让孩子接触，直接用来存放玩具。我家则是把大小不一的聚丙烯化妆盒放在里面进行收纳。大的聚乙烯盒还可以隔断存放物品，所以我完全不必操心玩具被丢得到处都是。而且，在盒子外面贴上标签，写上玩具名称，让孩子们一看就明白，整理起来也就顺利多了。

→博主yuka.home

各种尺寸可放各种置物架

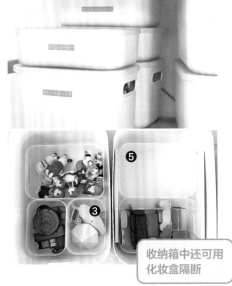

收纳箱中还可用化妆盒隔断

1 聚乙烯软盒·深型
约宽25.5×长36×高32厘米
价格：1190日元

2 聚乙烯软盒·中
约宽25.5×长36×高16厘米
价格：790日元

3 聚丙烯化妆盒·1/4横型半透明
约宽15×长11×高4.5厘米
价格：150日元

4 聚乙烯软盒·小
约宽18×长25.5×高8厘米
价格：490日元

5 聚丙烯化妆盒·1/2
约宽15×长22×高8.6厘米
价格：350日元

02 将杂物收纳在桌子之下
让抽屉清爽得出人意料

我们常常会把遥控器、指甲剪之类的东西顺手放在客厅的桌上。而只要桌面凌乱，整个客厅看起来就显得特别杂乱。因此我推荐自创用法的"PP文件盒"。无印良品的橡木储物柜的抽屉里，恰好可以放进3个标准型1/2尺寸的文件盒。将遥控器、各种口罩、创可贴、药品等琐碎用品收在这些文件盒里，一目了然、取用方便。因为抽屉够深，放入文件盒既可保证美观，容量也很可观。

→博主emiyuto

也可以放置遥控器、棉棒！

PP文件盒·标准型·灰白色·1/2
约宽10×长32×高12厘米　价格：390日元

03 家中只留最少量的必需品
用数个收纳盒整理得简单整洁

尽量不要使用零散的文具或文件之类，家里只留最少量的必需品，将它们用无印良品来收纳。比如附盖镀锡盒，可以用来存放文具或孩子的游戏软盘等小东西。盖子可以防尘，提手方便搬动。另外，"高个子"的聚丙烯立式文件盒则非常适合放不常用的电线，文件盒背面朝外放的话，还可以把乱糟糟的电线藏得很隐秘。

→博主yk.apari

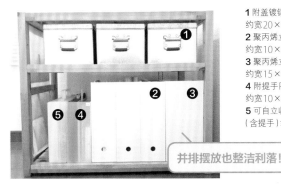

并排摆放也整洁利落！

1 附盖镀锡盒·小号
约宽20×长26×高15厘米　价格：1190日元
2 聚丙烯立式文件盒·A4用·灰白色
约宽10×长27.6×高31.8厘米　价格：690日元
3 聚丙烯立式文件盒·宽型
约宽15×长27.6×高31.8厘米　价格：990日元
4 附提手PP文件盒·标准型
约宽10×长32×高28.5厘米　价格：990日元
5 可自立收纳携带箱·A4用
(含提手)约宽28×长32×高7厘米　价格：890日元

04 提供各种尺寸
适合任何抽屉

　　如果什么都往抽屉里塞的话，不知不觉中抽屉就会变得一团糟。我爱用的无印良品的橡木储物柜里有几个抽屉，大小正好放得下"PP桌内整理盒"。浅浅的盒子中还带隔板，把零碎物品分门别类收得整整齐齐。半透明的材质适合搭配任何家具，而且各种尺寸都有，可以根据抽屉的大小任意组合。

　　→博主emiyuto

尺寸细长
便于叠放

1 PP桌内整理盒2　约宽10×长20×高4厘米
价格：190日元
2 PP桌内整理盒3　约宽6.7×长20×高4厘米
价格：150日元

05 天然材料收纳篮
扫除工具清爽存放

　　我们家的清扫工具都收在放置电脑和打印机的架子上。这些工具本来应该放在清扫架上的，但我担心儿子把地板拖或扫帚杆当玩具会有危险，就把它们放到婴儿房附近的架子上去了。

　　把这些与电脑架不匹配的东西"藏"进用藤条手工编成的"可重叠藤编长方形篮"，完全不影响室内的装饰。

　　→博主tomoa

可重叠藤编长方形篮·小号　约宽37×长26×高12厘米
价格：990日元

06 容易杂乱之所
才需要**收纳篮**大显身手

"可重叠藤编长方形篮"无论放在什么地方都毫无违和之感。我把它用在音响架上存放游戏机，用在厨房的吊柜里做便当盒或待客茶杯……家里几乎任何地方都能找到它的身影。因为取材天然，篮子的自重非常轻，拿取都特别轻松。即便从高处的吊柜里往外拉也毫不吃力。而且它的外观质朴、自然，看起来既清爽又有很强的整体感。

→博主akane

推荐存放收纳于高处的物品

可重叠藤编长方形篮·小号　宽约37×长26×高12厘米
价格：990日元

07 **表面灰尘可以水洗！**
任何时候都整洁！

"PP文件盒"非常适合文具收纳，它除了可以在盒内分类整理之外，还易于清洗，长保清洁。落在盒底的头发和灰尘都可以用水洗净，这一点甚为优秀！

→博主shiroiro.home

PP文件盒标准型_1/2·灰白色
约宽10×长32×高12厘米　价格：390日元

08 **横放竖放**都合适
营造**弹性空间**有一手

可以根据不同的用途，将"组合式边柜"横向、纵向组合成各种置物架来使用，还可以根据房间的布局任意摆放，满足使用者的各种需求。因为木架内部是正方形，所以无论是衣服还是书籍都可放置。

→博主ta_kurashi

低调设计见真章

组合式边柜套装·3层×2排·橡木
宽82×长28.5×高121厘米
价格：2万6900日元

住

完美搭配组合式边柜
单个边柜也能发挥大作用！

横放竖放总相宜的"组合式边柜"，如果想要将其当作置物架来使用，请务必搭配上"组合式收纳柜/抽屉"。组合式收纳柜分2层、4层、4个等不同规格，但每一种规格都可匹配组合式边柜。

虽然"组合式收纳柜/抽屉"是搭配组合式边柜使用的收纳家具，但即使不放进边柜中，将其单独使用也不失为聪明之选。

进一步说，在组合式收纳柜的抽屉中再放入"PP桌内整理盒"，还可以用来收纳钢笔、尺子等文具，或药片、体温计等用品。

→博主ta_kurashi

组合式收纳柜交替
摆放，造型可爱！

1 组合式收纳柜/抽屉2层/橡木
宽37×长28×高37厘米
价格：4990日元

2 组合式收纳柜/抽屉4个/橡木
宽37×长28×高37厘米
价格：5990日元

在自己喜欢的位置
用整理盒做出隔断

3 组合式收纳柜/抽屉4层/橡木
宽37×长28×高37厘米
价格：5990日元

4 PP桌内整理盒4
约宽13.4×长20×高4厘米
价格：190日元

5 PP桌内整理盒3
约宽6.7×长20×高4厘米
价格：150日元

10 有了带拉链的透明袋 出门前往包里一塞，就这么简单

有了带拉链的EVA透明袋，往幼儿园带东西便完全没有问题。它耐脏、耐湿，往包里一塞就可以出门了。东西只要收进袋里，完全不会发生出门前慌慌张张、丢三落四的情况。另外，我还会在家里各个地方备一把LED手电筒，半透明的遮光罩设计极为简约，只需放在那里便好似房间的一件摆设，完全无损于室内的氛围，这也是我钟情于它的原因。而且只需要装1节电池，使用起来非常轻便。

→博主 pyokopyokop

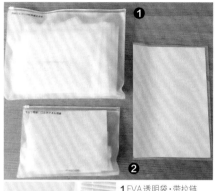

1 EVA透明袋·带拉链
A5大小　价格：100日元
2 EVA透明袋·带拉链
B6大小　价格：100日元
3 LED手电筒·大号
（5号、7号干电池适用）
型号：MU-TBL61
价格：2990日元

11 索性拆除橱柜脚，既免除打扫之苦 又加强了开放感！

"组合式橱柜·B组"的高度只有45厘米左右，是家具中的小不点。但也正因为它矮，无论放在哪里都无碍视野，也让整个空间感觉更加开放，毫无压力。我还特意将橱柜脚拆掉，让它紧贴地面，这样橱柜下方不会积灰尘，背面与墙面之间留出足够空间，能够伸进拖把，便于清扫。我在橱柜里放了儿童纸尿裤之类，只要关上门就看不见了，即便家里来了客人也不必担心。

→博主 ayumi

**柜门全开
发现惊人收纳空间！**

组合式橱柜·B组/橡木
宽162.5×长39.5×高45厘米
价格：2万8900日元

12

可以任意组合的收纳盒
最适合存放琐碎文具

6层PP小物收纳盒非常适合用来存放琐碎的文具，每1层的抽屉都可以单独拉出，因此使用时可以把抽屉当作笔盒，抽出来带到其他地方，以免文具散得到处都是。

以前我经常为找不着笔而烦恼，自从用了这款收纳盒，丢失的文具明显减少。而且因为盒子够深，除了笔和橡皮之外，甚至可以放进订书机和打孔器这些略大的文具。

收纳盒可以根据自己的需要重组成横的或竖的，这是令我特别开心的优点。它甚至可以放进隔板很低的夹层，尽管它是半透明的，我还是会贴上分类标签。

→博主emiyuto

PP小物收纳盒6层·A4竖型
约宽11×长24.5×高32厘米
价格：2490日元

隔板放得很低的空间
也可以存放不少物品

只要调整隔板，
便可收纳各种物品！

13 收纳物品一目了然
最适合训练儿童整理收纳的习惯

住

这款PP小物收纳盒，1个小盒收纳1种小物品，用起来特别舒服。只要改变隔板的位置，就可以将其分成细长格或小格。我将它放在家里的音响架上，用来放游戏机遥控器、数据线、便笺纸以及手机挂件之类。

而它最方便的功能是可以根据空间大小来调整横、竖方向。就拿音响架来说，如果要放进隔板低的空间就横放，如果要放在外面就竖放。

它的设计是典型的无印良品简约风，没有一丝多余的装饰。因此，只要在标签纸上打印出物品名并贴在盒身上，就可以一目了然。标签纸还可以贴在隔板上，这样就不用担心无意中混淆装在盒里的物品了。即便是交给孩子使用也毫无压力，甚至变成对孩子整理和收纳习惯的一种训练。

→博主akane

PP小物收纳盒6层·A4竖型
约宽11×长24.5×高32厘米
价格：2490日元

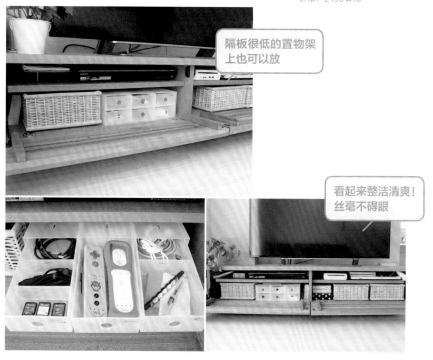

隔板很低的置物架上也可以放

看起来整洁清爽！丝毫不碍眼

乐享烹饪！
省时厨房收纳19选

01 横宽型抽屉式收纳盒可选不同深浅，可叠放储物，加倍便利！

我选择PP抽屉式储物盒·横宽·薄型来存放常用的碗筷、餐具抹布。有半透明、灰白两种颜色可选。为了配合我家白色系的餐具，我选择了灰白色。

无论浅型还是薄型，使用范围都很广，而最得我心的却是因为可以叠放使用。可以根据收纳架的高度，决定叠放2层还是3层。在抽屉中放置整理盒，可以避免混放，略高一些的浅型放抹布，薄型放餐具，方便识别和拿取。

→博主ta_kurashi

叠放收纳扩大收纳空间！

1 PP抽屉式储物盒·横宽·浅型·灰白色
约宽37×长26×高12厘米
价格：990日元

在其中放入整理盒作为隔断

2 PP抽屉式储物盒·横宽·薄型·灰白色
约宽37×长26×高9厘米
价格：890日元

02 餐具固定位置收纳 & 简易整理盒存放，拿取方便

实际上，在我家里是没有专为客人准备的器具的，被褥、拖鞋、餐具都是如此。"尽量为生活做减法"是我的生活理念，所以我们平时使用的，都是自己喜欢，待客也毫不失礼的餐具。

我家收纳餐具的固定位置，在厨房抽屉的第一层。抽屉内部用PP整理盒2来隔断。除了固定收纳位置之外，设计简易、利落的隔断用整理盒，频繁地拿进拿出也很方便。

→博主yk.apari

PP整理盒2　约宽8.5×长25.5×高5厘米
价格：150日元

03 冰箱内容易散乱的包装食品用整理盒搞定归类！

无印良品的PP整理盒，便于存放文具、餐具等，而我推荐放进冰箱，分隔存放纳豆、玉子豆腐、豆腐等食物。

除了保存在密封罐中的食物之外，还有一些包装袋食品（如纳豆）常常会散放在冰箱中，显得较为凌乱。利用整理盒就可以分门别类，瞬间使冰箱变得清爽。

→博主pyokopyokop

PP整理盒4　约宽11.5×长34×高5厘米
价格：150日元

04 利用1/2尺寸的文件盒作为厨房收纳空间的隔板！

　　将文件盒放进炉灶下方的橱柜抽屉，就可以轻松将收纳空间做出隔断。

　　这样就不必担心抽屉里盛放沙拉油、芝麻油的这些瓶瓶罐罐被碰翻，大勺和煎锅铲也可以直立放在马克杯中。在若干种PP文件盒中，1/2尺寸的适合从上方拿取装在其中的物品。

→博主ayumi

调味料、厨房用具都可以收纳

PP文件盒标准型_1/2·灰白色
约宽10×长32×高12厘米
价格：390日元

---

05 收纳器具不大不小刚刚好收纳空间零浪费

　　PP整理盒真是个可以变化出无数用法的魔力之盒！它胜在大小合宜，特别适合放在抽屉中，收纳零零碎碎的物品。

　　我觉得在众多的尺寸之中，最好用的是盒3。它虽然身形小巧，容量却不容小觑。

　　另外，"聚丙烯化妆盒·1/4纵型半透明"更是消灭空隙的好手，用它来隔断抽屉，可以最大限度地利用好空间。

→博主ta_kurashi

最大限度利用空间！

1 PP整理盒3　约宽17×进深25.5×高5厘米
价格：150日元
2 聚丙烯化妆盒·1/4纵型　半透明　约7.5×22×4.5厘米
价格：150日元

06 在容易浪费空间的厨房上柜 利用文件盒提高收纳效率!

厨房上柜的缺点在于拿取不便以及容易浪费收纳空间,而利用一按可成型纸板文件盒便可以完美解决这个问题。纸板文件盒自重很轻,万一掉落也不会造成危险。5枚一组的售价仅890日元,性价比很高。在侧面还有开孔,可以用手指轻松抽出。粉类或干货类等,一旦重叠存放就不容易取出,但只要装进可以竖放的纸板文件盒,既可以节约空间,又可以分门别类,避免混淆。

→博主 pyokopyokop

> 文件盒的高度足以遮挡收纳物品

一按可成型纸板文件盒·5枚组 A4用
价格:890日元

---

07 无论尺寸大小,厨房纸巾都可挂壁使用!

ABS厨房纸巾架的魅力在于,无论纸巾尺寸多大,只要将纸巾夹在2个磁石中间就可以开始使用了。操作简单易行,而且用来固定纸卷的磁石不必在墙上凿洞,强大的吸力还能避免纸卷掉落。

→博主 ayumi

> 只需磁片固定纸卷

ABS厨房纸巾架 磁石式
价格:490日元

---

08 家中备足隔板 自定义收纳空间!

无论是平底煎锅还是其他锅具,如果叠放收纳,拿取起来会很不便。这时不妨用几块铁制分隔板,将它们竖着存放。可以根据锅具的大小调整分隔板的间距,如果收纳空间不够,多用几块分隔板以加宽利用面积。如此自定义收纳空间,真是乐在其中。

→博主 yuu_425

铁制分隔板
大号·宽16×长15×高21厘米
价格:290日元

> 任意隔出收纳空间!

09 利用"亚克力分隔架"消灭碗柜中浪费的空间!

一般放在书桌上使用的亚克力分隔架,也可以在厨房的碗柜中大显身手。我家厨房便是用亚克力分隔架来放置深碟和浅碟。

在碗柜中,它可以纵向、横向分隔收纳空间,这一点是非常重要的。碗碟之类的餐具叠得太高,会为拿取带来不便,甚至造成破损。有了亚克力分隔架,将碗柜分成上、下空间,分别放置不同类型的餐具,取用时便方便多了。

另外,亚克力是高透明度材质,即便放置多个分隔架,也丝毫不会对视觉造成压力,这一点也是我对其情有独钟的主要原因。可以根据自家餐具的风格,将碗柜布置成自己满意的样子。

→博主yuka.home

亚克力分隔架·小型
约26×长17.5×高10厘米
价格: 590日元

碗柜的边边角角都被充分利用到

10 装上盒盖，就可以为不常取用的碟子和木碗遮挡灰尘

竖起的碟子特别适合收纳在"PP立式文件盒·A4用"中。相比横向叠放，将碟子竖起收纳的方式更能够将空间利用到极致。如果碟子的颜色和形状一致，看起来就更加清爽整洁。

在下柜中，用"PP文件盒标准型"来收纳较少取用的茶碗。如果再装上滑轮盖，更可以遮挡灰尘。

→博主 shiroiro.home

风格统一，取用方便！

1 PP立式文件盒·A4用
约宽10×长27.6×高31.8厘米　价格：690日元
2 PP文件盒标准型·A4用
约宽10×长32×高24厘米　价格：690日元
3 PP文件盒标准型·宽型·A4用
约宽15×长32×高24厘米　价格990日元
4 PP文件盒标准型用_可装滑轮盖
宽15厘米用·透明　价格：390日元

11 磁石不会污染墙面适合挂抹布和毛巾

除了挂毛巾和抹布之外，铝制毛巾架也可以放在厨房，用来挂厨房用具。磁石不似挂钩贴背面的不干胶会有留下污渍之虞，看起来简单清爽。铝制挂钩的清爽感与厨房的整体风格更是相得益彰。

→博主 ta_kurashi

铝制毛巾架·磁石式
约宽41×长5厘米
价格：1190日元

12 在烧水壶旁用几个收纳盒存放茶包

这款收纳盒既可以节约空间，又可以作为简单的收纳架。盒内带隔板，还可以调整隔板的位置。我家烧水壶旁的位置，是专属于这款收纳盒的。在里面存放常喝的茶包，泡茶时免去不少麻烦。

→博主 shiroiro.home

聚丙烯小物品收纳盒3层·A4纵型
约宽11×进深24.5×高32厘米
价格：1990日元

想喝茶时伸手便可拿到

住

13 从拥挤的餐具柜中也能轻松拿取

在餐具柜中放几个"可重叠藤编方形篮"，就可以像从箱柜中拉出抽屉一般，拉出收纳篮，取用存放其中的物品。建议将这款收纳篮叠放，让其变成简易抽屉使用。不同的用法可以变出各种花样，它就是这么优秀。

这款收纳篮就是我家的小餐具柜。上层左边放干货，右边放孩子的物品；下层左边放方便面和罐头，右边放辅食和容器……每一样物品都有固定的存放位置，无论是取还是放都轻松自如。

摆放在下层的收纳篮中，用"PP化妆盒·1/2"隔断。2个并排的化妆盒刚好塞满一个收纳篮，丝毫不浪费空间。

→博主yuka.home

1 可重叠藤编方形篮·中
约宽35×长37×高16厘米
价格：1390日元

2 PP化妆盒·1/2
约宽15×长22×高8.6厘米
价格：350日元

可以干净利落地往外抽出，拿取物品

14 1/2尺寸令调味瓶取放特别轻松利落！

在灶台下方的抽屉式收纳柜内，放入1/2尺寸的标准型PP文件盒，可以将酱油、味淋之类的调味瓶整理得整整齐齐。像调味瓶翻倒、滴漏、弄脏抽屉之类让人猝不及防的麻烦事，再也不必挂心了。

1/2尺寸的优势在于可以将调味瓶非常紧凑地摆在盒内，又不至于太过拥挤，取、放都很轻松。万一弄脏，也可以清洗整个盒子，长保清洁不在话下。

→博主akane

淹没在物品堆中，毫无头绪

刚好放入调味品！

PP文件盒标准型_1/2·灰白色
约宽10×长32×高12厘米
价格：390日元

15 贵重餐具的好伴侣 不留伤痕的软盒

我家厨房中，聚乙烯软盒是用来存放茶碗等餐具的利器。它的材质较为柔软，不会划伤茶碗或汤碗的表面。即便沾染污渍，也可以整个清洗，清洁无忧。

用了这款软盒，碗柜里可以统一存放茶碗和汤碗。叠放多个茶碗也不会翻倒，而且还能节省空间。软盒的两侧有开孔，做饭时，用两手的手指勾住孔眼就可以提起整个盒子，让我"分身有术"。

→博主emiyuto

做饭时可以连同盒子一起移动！

聚乙烯软盒·半型·中
约宽18×长25.5×高16厘米
价格：690日元

住

043

16 让普通的餐具柜瞬间变身高颜值简易收纳架!

像筷枕之类的琐碎小物品，可以全部收在PP整理盒1中，既便宜又方便。摆数个这样的整理盒，就可以大大提高收纳效率。

在同一个碗柜中，我也用了亚克力分隔架。PP和亚克力都是轻便、清爽的材质，因此即便多个使用，也不致显得杂乱。

用来放刀叉、筷子的木制盒，放茶碗的方托盘也都是无印良品的单品。木制盒的长度刚好与汤匙、刀叉匹配，并排摆放时显得既整洁，又有天然材质的感觉。

方托盘有多种尺寸，选购的时候着实有些犹豫。后来为了要在上面摆放数个整理盒，所以决定购买尺寸最大的托盘。收纳用品全部选择浅色和木制，也是为了让厨房更加清爽。

→博主yuka.home

1 PP整理盒1
约宽8.5×长8.5×高5厘米
价格：80日元

2 木制方托盘
约宽27×长19×高2厘米
价格：1490日元

3 木制盒
约宽26×长10×高5厘米
价格：990日元

天然的材质使收纳架显得更加清爽

❶ ❷ ❸

17 把点心装进**手提箱** 想带去哪里就带去哪里！

在1个可重叠藤编方形篮中，并排摆放2个宽型聚丙烯手提盒，就可以用来装各种点心了。盒身上安装了提手，轻松一提就可以带到任何地方享用。手提盒中有6个分隔，最适合放独立包装的小点心。我女儿吃的点心也放在同一个手提盒里，对于孩子来说，从琳琅满目的点心盒里挑选自己爱吃的，也不失为一种乐趣（笑）。

→博主yuka.home

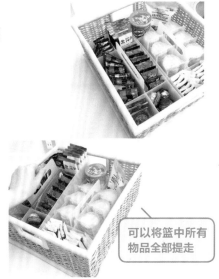

可以将篮中所有物品全部提走

聚丙烯手提盒·宽型
约宽15×长32×高8厘米
价格：990日元

18 密封罐**易洗**快干**并排摆放**就有超高颜值

咖啡胶囊、麦片之类适合装在透明的密封广口瓶中，既方便取用，又可以防湿防潮，看着特别赏心悦目。广口瓶的开口较大，手可以伸进底部清洗。

→博主yuu_425

只需并排摆放，就可营造时尚空间

密封广口瓶
约750毫升
价格：690日元

19 分隔板为杂物细致分类取物**即刻到手**

碗柜与墙壁之间因物品用完而出现不大不小的空间，如果不想浪费的话，就可以用一个PP抽屉式储物盒来完美填补。我家是用来装药品，但它带了若干分隔板，这才是重点，因为可以细致分类，方便完美迅速找到目标物品。

→博主tomoa

叠放使用空间升级！

PP抽屉式储物盒·浅型·1个（带分隔板）
约宽14×长37×高12厘米
价格：790日元

住

045

举手之劳，长保整洁！
沐浴·洗衣用品 **10**选

01 杂乱无章的**沐浴用品**瞬间完美收纳！

一直以来，如何收纳沐浴用品都是困扰我的一件事。浴室里的洗发水和清洁用品，总是多得超乎我的想象。因此我准备了一根磁石式铝制毛巾架，挂上不易横向偏移S形挂钩。这样，那些杂乱无章的沐浴用品就可以挂起来，既不占空间，又达到了收纳的效果。我家浴室用的是不带吸盘的磁石式毛巾架，承重力上有所顾虑，因此只用来挂起泡浴球或海绵。家里每个成员用着都很方便，清理起来也没有负担。浴室收纳整洁，洗澡时的心情也愉悦不少。

→ 博主yuka.home

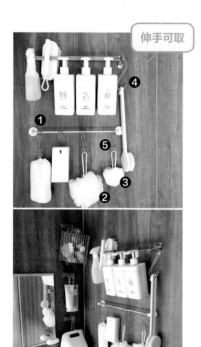

伸手可取

家里每个成员用起来都很方便

1 铝制毛巾架·磁石式
约宽41×长5厘米
价格：1190日元

2 起泡浴球·大
约50克
价格：190日元

3 起泡浴球·小
约15克
价格：120日元

4 不锈钢_不易横向偏移S形挂钩·大
2个装·约7厘米×1.5×14厘米
价格：650日元

5 不锈钢_不易横向偏移S形挂钩·大
2个装·约5厘米×9.5×14厘米
价格：350日元

02 实用性与设计感并举
打造清洁美观的浴室

正因浴室本身就起着去除污垢的作用，才更需要将其打理成永远清洁的场所。洗发水、沐浴露放进不锈钢瓶架，清扫工具放进不锈钢丝筐，全部贴墙收纳，毫无占用空间之虞。整个浴室以白色为基调，所有用品的颜色都尽量与白色调和。无印良品设计简约，用色低调，这些都很符合我的诉求。不锈钢置物架不易生锈，完全无惧潮湿环境，这一点也很关键。

→博主 kamome

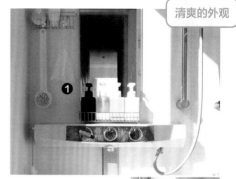

清爽的外观

1 不锈钢瓶架·1层
约宽30×长10×高5.5厘米
价格：790日元
2 不锈钢丝筐·15厘米宽
约宽15×长13×高18厘米
价格：1490日元

03 孩子们零零散散的衣服
也能找到方便收纳的位置

我有一个10岁的女儿，她已经开始对打扮自己有了浓厚的兴趣，总是兴致勃勃地为自己挑选第二天要穿的衣服。为了方便她自己准备衣服，我在盥洗台旁辟出一块空间，用文件盒来给她放自己的衣服。此前一直没有这样做，所以她总是会随手丢在房间里。而她现在已经一改乱丢的习惯，主动将自己的衣服收在里面了。等她小学毕业，文件盒还可以二次利用。无论客厅还是孩子们的房间，这款大小的文件盒都很适用，这也是我选择它的一个原因。

→博主 emiyuto

大小也适合孩子使用

PP文件盒标准型·宽25厘米
型·1/2·灰白色
约宽25×长32×高12厘米
价格：790日元

04 琐碎的洗涤用品也可以完美、轻松收纳

晾衣夹、晾衣架、洗涤液……水池旁总是会被这些零碎东西堆满，我想每个主妇都会忍不住要动手清理，却又苦于无从下手。别担心，无印良品的不锈钢丝筐就是为解决这些烦恼而来的。

占地较大的洗涤剂之类，我收在文件盒里，因为既不会散乱又方便拿取，看起来特别清爽。毛巾类装进一个浅口篮，放在置物架的第2层。

我用了2个浅口篮，分别放置洗脸毛巾和洗澡毛巾。这些物品每天都要使用，合理的收纳可以在一定程度上减轻家务的负担，清爽的外观也使盥洗台的空间看起来显得更加宽敞。不锈钢材质坚硬、不易生锈，在潮湿的地方也能放心使用。

→博主ta_kurashi

扩大了盥洗台的使用空间

伸手即可取出

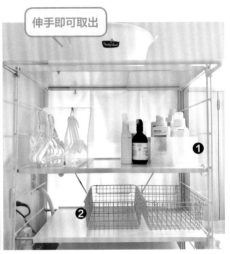

1 PP文件盒标准型·1/2
约宽10×长32×高12厘米
价格：390日元

2 18_8不锈钢丝筐3
约宽37×长26×高12厘米
价格：2290日元

05 利用抽屉式收纳
让盥洗台下方的空间更加实用

这组PP收纳盒最适合放在盥洗台下方收纳杂物。3层的收纳盒主要存放日用品和工具。它的优势在于大小适中，可以最大限度地利用收纳空间。浅型的用来放我的隐形眼镜盒，深型的用来放洗涤剂和洗发水。因为它本身带分隔板，我根本不用考虑细小的物品该放什么位置。集中购买的日用品可以同时解决存放位置的问题，收拾起来无比轻松。这种收纳方式，可以让所有家庭成员都知道什么东西放在什么地方。

→博主 ayumi

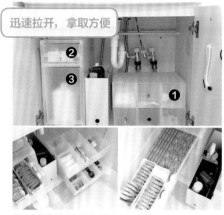

迅速拉开，拿取方便

1 PP小物收纳盒3层·A4竖型
约宽11×长24.5×高32厘米　价格：1990日元
2 PP追加用储物箱·浅型
约宽18×长40×高11厘米　价格：690日元
3 PP追加用储物箱·深型
约宽18×长40×高30.5厘米　价格：1190日元

06 储物箱收纳
让孩子也能一目了然

如果想要有效利用盥洗台周围，选择无印良品的附轮子储物箱相信是明智之举。

第1层放我女儿的发带、头梳等梳妆用品，第2、第3层放我儿子、女儿各自的袜子、手帕，第4层放吹风机之类的小家电，整体看起来十分清爽。自从用了这款储物箱之后，孩子们因为知道自己的哪些东西放在什么地方，便能够自主选择，自主准备，从而减轻了我不少负担。

→博主 emiyuto

孩子可以自己拉出抽屉

PP附轮子储物箱2　约宽18×长40×高83厘米
价格：3490日元

07 逼仄的盥洗室空间也能够完美收纳

我家盥洗室的下部空间，用来存放孩子的理发工具、牙刷套装、毛巾等。这些一不小心就散落各处的小物品，也可以用无印良品的PP收纳盒来搞定。我和朋友也说过，这款收纳盒的大小，与我家盥洗室下部的空间简直严丝合缝。当然了，它还有其他多种尺寸，方便各种组合使用。我特别喜欢它的进深，刚好能在与水管之间留下一丝缝隙。有时候费点心思去考量适配收纳空间的最佳方案，也不失为一种乐趣，而每次总能找到说服我自己的收纳盒，这正是我喜欢无印良品的原因之一。

→博主 emiyuto

1 PP抽屉式收纳盒·浅型·1个（带分隔板）
约宽14×长37×高12厘米
价格：790日元

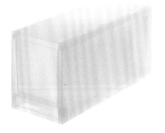

2 PP抽屉式收纳盒·深型·1个（带分隔板）
约宽14×长37×高17.5厘米
价格：890日元

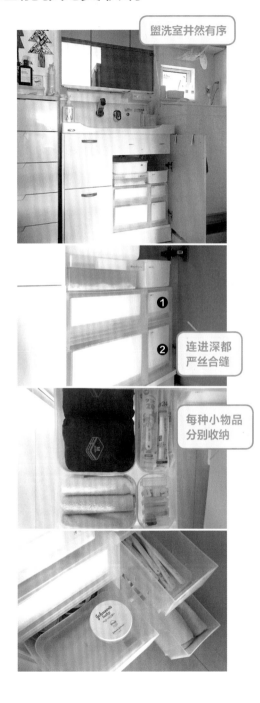

盥洗室井然有序

❶
❷ 连进深都严丝合缝

每种小物品分别收纳

050

08 随时可以顺利拉出
使用便利性升级

　　我使用无印良品的PP储物箱收纳盥洗室杂物，主要是日用品。半透明箱体让人对内容物一目了然，这是我选择它的重要原因。

　　储物箱的下柜较高，最适合放洗发水、沐浴露瓶。低矮的上柜中放我自己的隐形眼镜盒，而且分左、右眼放置，一目了然。利用无印良品的储物箱如此收纳，在需要时伸手就可以准确、迅速地拿到手。如此好物，叫人爱不释手。

→博主ayumi

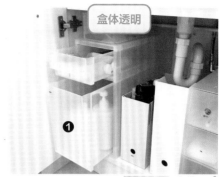

盒体透明

1 PP追加用储物箱·深型
约宽18×长40×高30.5厘米
价格：1190日元
2 PP追加用储物箱·浅型
约宽18×长40×高11厘米
价格：690日元

09 不损伤置物架的材料
最适合抽拉式取放

　　这款材质柔软的收纳盒，我把它放在盥洗室的置物架上使用。柔软的棉麻混纺材质不会划伤置物架表面，而且抽拉特别顺畅。软盒的内侧是塑料材质，污渍一擦就干净。在需要长保清洁的场所，这是一款可以大显身手的收纳盒。

→博主shiroiro.home

材质柔软，
幸福感满满

聚酯纤维棉麻混纺软盒·浅型·半型
约宽13×长37×高12厘米
价格：690日元

10 整齐收纳
容易互相缠绕的衣架！

　　体积较大的衣架可以统一收在文件盒里。如果是带隔板的款式，即便只放几个衣架也不会翻倒，而且彻底把我从衣架互相缠绕的烦恼中解放出来，让洗衣、晾衣变成一件乐事！

→博主kanon

衣架之间不缠绕

1 PP文件盒标准型·宽25厘米型·灰白色
约宽25×长32×高24厘米
价格：1490日元
2 苯乙烯桌上分隔架·灰白色3段隔
板·小·约宽21×长13.5×高16厘米
价格：690日元

轻松一摆
简居变时尚!
室内装饰品4选

01 利用**折叠桌**还可轻松改变外观!

折叠桌设计简约,能够搭配任何风格的房间。折叠方法简单,收纳轻松,节省空间。不使用餐桌,或想扩大客厅空间时,就收进壁橱暂放。

这款折叠桌具有超强的安定感,除了放在餐厅当作日常餐桌之外,还可以当作书桌或工作台使用。

→博主ayumi

折叠式家具给人带来莫名的安定感

折叠桌·宽120厘米·橡木材
宽120×长70×高72厘米
价格: 1万9900日元

02 适用于各种场合的 **方形托盘**让人心情放松

这款托盘的材料是水曲柳。这是一种多用于制造家具的木材，材质坚硬，木纹优美，用来制作任何家具都显得分外美观。托盘边缘较高，底盘深，孩子就着托盘喝水时，不必担心洒在身上。无论是配餐用还是铺垫用，都有相应的尺寸可供选择。

→博主yuka.home

盛放任何物品都是时尚一景

木制方托盘
约宽35×长26×高2厘米
价格：1990日元

---

03 空寂的餐厅墙面 用置物架添几分热闹

在墙壁上打孔安装置物架是件麻烦事。这款可以挂在墙上的置物架，只要是石膏板墙面都适用，而且一个人就可以安装。自然色的橡木材不挑家装的色调，令略感空寂的房间墙面，生出富有季节感的热闹氛围。

→博主akane

壁挂式家具·架子·宽44厘米·橡木材
宽44×长12×高10厘米
价格：1990日元

04 前遮挡板 赋予收纳盒整洁外观

收纳盒内装的物品如果杂乱无章，便会破坏简约设计所营造的观感。这时将一个无印良品的"前遮挡板"插入收纳盒的缝隙中，就可以完美解决这个问题。有彩色、白色可供选择。

→emiyutoさん

【网购限定】PP收纳盒用前遮挡板
宽55厘米　收纳盒横宽用·2枚装
价格：250日元

住

粗疏收纳也是整理!
终极收纳用品25选

01 利用具有统一感的收纳箱打造整洁外观

目前我已经放弃了所有的收纳家具，而使用无印良品的抽屉式收纳箱。让所有收纳箱外观统一，我对这一点甚为讲究。无印良品这款收纳箱，在保证外表美观的同时，使用起来也很方便，还可以有效地利用衣橱。我用它们存放衣服、毯子等寝具以及家人的相册、防灾用品等。正因这些是家中不足以展示给外人看的地方，才更值得我花费心思，长保整洁。另外，为了让每个家庭成员都知道什么东西收在什么位置，一定要给这些收纳箱贴上标签。虽然这种方式的收纳精细不足，粗疏有余，但托了收纳箱的福，至少外观上看起来是整洁的。

——博主yk.apari

1 PP收纳箱·抽屉式·小
约宽44×长55×高18厘米
价格：1190日元

2 PP收纳箱·抽屉式·大
约宽44×长55×高24厘米
价格：1490日元

统一的收纳盒打造整洁外观

1
2

粗疏的收纳也无妨

02 过季不穿的衣服
收在衣柜顶层以腾出空间

　　棉麻混纺软盒是衣帽间里的功臣。我用它来存放过季不穿的衣服，放到衣柜的顶层。横向排成一排，看起来颇具设计感。软盒自重相当轻，用起来轻松方便。过季的衣服收在这款软盒中，既美观又清爽，真是深得我心。软盒的材质柔软可折叠，但内侧相当结实，这一点也是令我心仪的优点。

→博主kamome

横向整理成一排

聚酯纤维棉麻混纺软盒·衣物用
约宽59×长39×高18厘米
价格：1990日元

---

03 收纳衣物就交给大容量的软盒！

　　换季的时候，也正是大容量的软盒大显身手的时候。这款收纳盒用来存放厚重的冬衣也全不在话下。不穿的季节，就将收纳盒放在衣柜顶层。如果有急用，一拉软盒的提手就能马上取下，用起来真是得心应手。

→shiroiro.homeさん

带提手的设计，拉取很方便

聚酯纤维棉麻混纺软盒·附盖·L
约宽35×长35×高32厘米
价格：1990日元

04 烦人的家电收纳变得不可思议的轻松

　　无印良品的储物箱适合存放家中的日用品、扫除工具等。我家还会在储物箱的深处存放小家电。这款储物箱最大的魅力是带脚轮，有了它就可以轻轻松松拉进拉出了。这样一来，夏、冬换季时更换家电就特别快捷方便。

→博主kamome

PP附轮子储物箱1
约宽18×长40×
高83厘米
价格：3190日元

拉进拉出
只需拖动脚轮即可

05 轻便且拿取方便的收纳盒
变身让孩子独立收拾的玩具箱

孩子玩具中的积木之类，零零散散，又多又琐碎，我一度为收纳这些玩具而头疼。而当我看到无印良品这款柔软的聚乙烯收纳盒时，耳朵里有个声音告诉我"就是它了"！

在盒子上贴一些简单的图标标签，既能让人一眼便知道装的是什么，又平添可爱之感。收纳盒自重很轻，盒身上的提手使拿取更加轻便。我儿子提着整个盒子，玩得忘乎所以。如果再加上一个盒盖，就可以叠放收纳物品，而且无论摆在什么地方都可以。

这款收纳盒的设计，让孩子可以自主收纳。整个盒子拿出来玩一会儿之后，孩子会主动收拾好玩具，并将盒子收归原位。

→博主tomoa

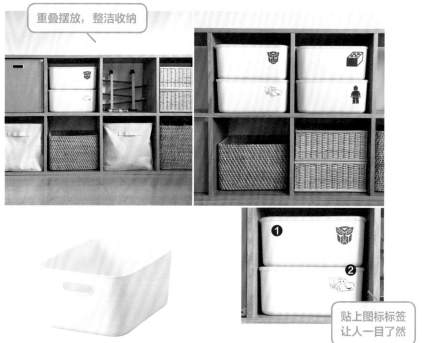

重叠摆放，整洁收纳

贴上图标标签
让人一目了然

1 聚乙烯软盒·中号
约宽25.5×长36×高16厘米
价格：790日元

2 聚乙烯软盒用盖
约宽26×长36.5×高1.5厘米
价格：290日元

06 全部收在一起
再也不必到处找琐碎物品

礼服的配件虽然不常用，但我还是希望能把它们收在拿取方便的位置，因此我选择无印良品的软盒来一并存放。软盒的正中有隔断，方便东西分类。手袋、化妆包、长筒袜之类全部收在软盒中，统一摆放在衣柜里。软盒的材质很结实，可以放心叠放，出门时整个带走也不必担心。这样收纳，既可以迅速找到小物件，准备起来又节省时间。

→博主 ta_kurashi

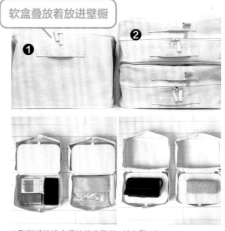

软盒叠放着放进壁橱

1 聚酯纤维棉麻混纺软盒附盖·长方形·中
约宽37×长26×高26 价格：1490日元
2 聚酯纤维棉麻混纺软盒·长方形·小
约宽37×长26×高16 价格：1290日元

---

07 收纳空气循环风扇的理想场所
是高度与之相当的聚乙烯收纳盒

尽管我在生活中奉行尽量控制收纳用品数量的原则，但每当看到那些用起来得心应手，又能减轻我家务负担的收纳用品，却又忍不住带回家，比如这款深型聚乙烯软收纳盒。我在偶然中发现，它的高度居然与空气循环风扇完美匹配。这并不是我将其买回家的初衷，却给了我一个意外的惊喜。在用它来收纳空气循环风扇之前，我都是用一个塑料袋包起，放进衣柜中。从外观上来看，无疑是逊于使用收纳盒的，因此我更倾向于后者。平时将存放换空气循环风扇的收纳盒放在平板车上，收在房间角落里，丝毫不会有损简约的整体风格。

→博主 yk.appari

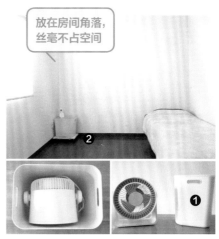

放在房间角落，
丝毫不占空间

1 聚乙烯软盒·大
约宽25.5×长36×高24厘米 价格：990日元
2 横、竖可连接聚丙烯平板车
约宽27.5×长41×高7.5厘米 价格：1990日元

08 收纳不断增加的积木 推荐带分隔板的储物盒！

对于孩子不断增加的积木玩具，过去我一直是将它们一股脑儿收在一起，结果是完全不知道孩子想玩的积木放在哪里，只好全部倒出来找一遍，徒增了不少麻烦。后来我发现，带隔板聚丙烯收纳盒可以完美地解决这个问题。

它的分格大小适中，正适合将积木按照不同的颜色分类存放。当孩子们一下子找出自己要玩的积木时，简直喜不自胜。统一收纳的目的之一，也正是提高使用效率。

→博主yuu_425

按照不同颜色来归类存放

PP抽屉式储物盒·浅型·2个（附分隔板）
约宽26×长37×高12厘米
价格：1190日元

09 相对于隐形收纳 显性收纳更利于高效持家

用过的纸箱、报纸等，我都会捆成一捆，放在玄关等待垃圾清运。以前我总是把它们和工具类一起收在外人看不见的角落，可一旦要取出来才知道简直累得不行。由此我认识到，光是把杂物堆放在看不见的地方，并非最佳的收纳方式。于是我便开始学习"显性收纳方法"。选择无印良品的不锈钢丝筐来存放，可以轻易掌握盛装的物品，提手也便于快速、直接地拉出工具。我准备了两个不锈钢丝筐，1个放透明胶和塑料袋，另外1个放鞋刷之类。收纳方法优化之后，操持家务就变得更轻松了。

→博主ちいさなおうち

对存放其中的物品一目了然

不大不小刚刚好

18_8不锈钢丝筐1
约宽26×长18×高18厘米　价格：1690日元

10 必需的工具统一收纳 工作效率瞬间提高

我会在家办公、记账或做一些其他案头的事情，说起来在家做的工作还不少呢。大家一定想不到，一个无印良品的文件盒用笔盒，竟然可以戏剧性地提高工作效率吧？将笔、计算器等文具统一放在笔盒中，可以省掉不少翻找的工夫。

→博主shiroiro.home

工作进展顺利

PP文件盒用笔盒
约宽4×长4×高10厘米
价格：150日元

11 既大又厚的文件类 就收在文件盒中

电器说明书大多既大又厚，既不能扔，找地方存放也成问题。正当我为此一筹莫展时，发现了这款无印良品的文件盒。它有厚重的材质，可以防止放入厚重的说明书后翻倒。有了它，我终于可以实现清爽收纳了！

→博主yuu_425

厚厚的电器说明书也能清爽收纳

PP文件盒标准型·宽型·A4用灰白色
约宽15×长32×高24厘米
价格：990日元

12 过季的帽子 保存在圆形收纳盒中

只有在夏天才会佩戴的草帽，我会存放在聚乙烯软盒中。关键原因在于，这是一款圆形软盒，看起来特别可爱，而且与不知往哪里放的圆形草帽简直是天生一对。这样一来，帽子放到明年夏天也不会变形。

→博主kamome

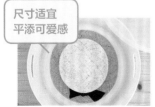

尺寸适宜
平添可爱感

聚乙烯软盒·圆型·中 约直径36×
高16厘米 价格：790日元/
聚乙烯软盒用盖·圆型 约直径
36.5×高1.5厘米 价格：290日元

13 木制整理盒赋予文件 收纳些许生活气息

二层木制的文件整理盒，与室内装修的风格浑然一体，我一般用来收纳幼儿园分发的材料文件。1层放提交材料，1层放保管材料。这种毫无生活气息的风格唯独无印良品才有，与室内装修的风格也很相称。

→博主yuu_425

与收纳柜浑然一体

二层MDF文件整理盒 A4
约宽32×长24×高10.5厘米
价格：2490日元

14 众多**书籍**
按照题材清晰分类

小说、杂志、漫画、绘本……我爱看书，因此家里堆放的书籍数量也在不断增加，我选择无印良品的文件盒来存放它们。我经常读给女儿们听的绘本，统一放在半型文件盒中。边看着五颜六色的绘本，边考虑今天要为女儿读哪一本，这也不失为一种享受。绘本上方的位置，放着我工作用的资料和学生时代留下的物品。我还为书本按照题材分类，并且贴上了标签。置物架和文件盒整体色调为白色，为房间营造着统一感。

→博主 yuka.home

整体使用白色营造统一感

1 PP立式文件盒·A4用·灰白色
约宽10×长27.6×高31.8厘米
价格：690日元
2 PP文件盒标准型_1/2·灰白色
约宽10×长32×高12厘米
价格：390日元

---

15 **临外出时**伸手可取！
如此方便，岂不乐哉

需要带孩子上医院看病时，我总是会带上EVA透明袋。放进保险证、门诊单、用药手账、口罩等，拉链一拉就可以全部带走。这样可以节省出门前的准备时间。

→博主 shiroiro.home

对半透明袋内的物品一目了然

EVA透明袋·带拉链 B6
价格：100日元

---

16 迅速抽取小卡片是
卡片夹出众的功能！

卡片通常尺寸较小，如果和大的东西一起存放，很容易因为被埋在其中而找不到。如果用上卡片夹，这个问题就能迎刃而解。单独存放的卡片可以轻易取出，而且工作时把卡片夹贴在手账上，还可以当作临时名片夹使用，真是方便极了！

→博主 shiroiro.home

与EVA透明袋配合使用

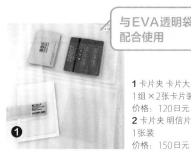

1 卡片夹 卡片大小
1组×2张卡片装
价格：120日元
2 卡片夹 明信片大小
1张装
价格：150日元

17 利用收纳盒、文件盒存放绘本
以及应用于家庭其他场所

我在卧室的角落辟出一块空间，用来放绘本。我也曾犹豫过是否要买一个书架，但最终还是选择了无印良品的文件盒和不锈钢丝筐来代替书架。

用上分隔板的话，还可以放大尺寸的绘本，关键是方便矮小的孩子自己收拾。随着孩子年龄的增长，绘本会越来越少，与其买专用的绘本书架，不如买替代用的收纳工具更为经济适用。孩子的房间、客厅、厨房等各处都适用，这正是无印良品的魅力所在。

→博主pyokopyokop

收纳大尺寸绘本也不在话下

1 一按可成型纸板文件盒・5枚装
A4用　价格：890日元
2 18_8不锈钢丝筐6
约宽51×长37×高18厘米
价格：3890日元

18 为占地很大的烧烤用具
找一个结实的收纳盒！

户外用具总是又大又重，我家习惯将它们装进结实的收纳盒，存放在土间①。而收纳主角自然就是夏天常用的烧烤用具了。特大号的耐压收纳箱，刚好可以放烧烤架。纸盘、纸杯类零散的物品也可以全部存放其中。外出时，只要带走整个耐压收纳箱即可。当然，箱盖也结实耐压，在户外还可以用来当作凳子使用！

→博主yuu_425

在耐压收纳箱上堆放物品也毫无压力

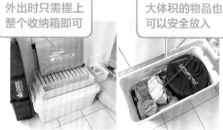

外出时只需提上整个收纳箱即可

大体积的物品也可以安全放入

PP耐压收纳箱・特大　约宽78×长39×高37厘米
价格：2590日元

① 玄关之下的附设空间。

061

19 零乱的工具
统一收纳、清爽存放在土间

　　我家的土间里，放着设计简约，外形可爱的聚丙烯凳子，以及体型稍小的耐压收纳箱。

　　我女儿在户外玩的玩具都放在这个凳子中。一开始便是计划在土间使用的，所以用来放沾着沙子的沙滩玩具、跳绳都没问题。桶状的造型，还方便孩子们坐在盖子上穿鞋。耐压收纳箱中则放着洗车用具和园艺用具。在户外时容易散落四处的玩具和工具，放在这些设计简约的箱子中，既方便收纳，又不占空间。

→博主yuka.home

放在角落，无碍日常活动

❶

❷

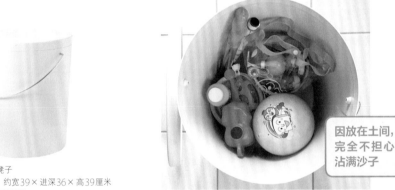

因放在土间，完全不担心沾满沙子

1 聚丙烯凳子
（含提手） 约宽39×进深36×高39厘米
价格：3890日元

2 PP耐压收纳箱·小
约宽40.5×长39×高37厘米
价格：1290日元

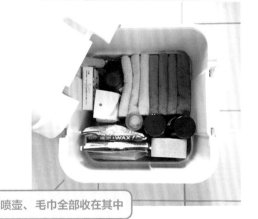

喷壶、毛巾全部收在其中

20 所有家庭成员的防灾用具
推荐存放在**大容量耐压收纳箱**中

为抵御地震、台风、洪水等天灾，我在家中常备着防灾用具。家庭成员人手一份的话，用具的数量也很可观。无印良品的耐压收纳箱材质硬、容量大，足以存放大量的水、纸、防寒用具等物品。只要放在平板车上，就可以轻松带出室外。

一旦发生灾害，人们自然会什么都想带在身上避难，结果往往也带不了。利用这款耐压收纳箱存放防灾用具，是避免这种尴尬发生的明智之举。

→博主ta_kurashi

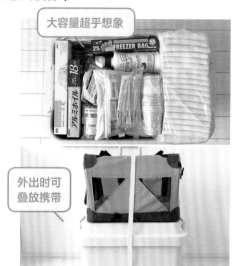

大容量超乎想象

外出时可叠放携带

PP耐压收纳箱·大 约宽60.5×长39×高37厘米
价格：1790日元

---

21 **边柜**是孩子房间的
收纳利器

我总是想，如果家中能有更大的空间用来收纳孩子们的玩具就好了。我家用来放玩具的，是无印良品的组合式边柜。摆放玩具箱的边柜横向加宽组合，高度正好适合孩子们自己取放玩具。

→博主tomoa

刚好匹配孩子们的身高

组合式边柜套装·5层×2排·橡木材
宽82×长28.5×高200厘米
价格：3万2900日元

22 **白色软收纳盒**
营造房间统一感

孩子房间中用的是聚乙烯软盒。孩子的玩具五颜六色，收在这款软盒中，统一的颜色和款式使房间显得很清爽。有了它，孩子可以自己收拾玩具了，实在是难得的一件收纳用品。

→博主kamome

同类软盒营造出统一感

聚乙烯软盒·中
约宽25.5×长36×高16厘米
价格：790日元

23 利用透明的亚克力盒
美美地收纳首饰

佩戴时令人赏心悦目的首饰，当然要为其寻找一种妥善收纳的方式。为此，我选择了无印良品的亚克力盒，以及亚克力箱用丝绒内箱隔板。

原本我打算将亚克力盒放在抽屉中，因此选择了掀盖的款式，还买了2种大小不同的内盒。因内盒带隔板，非常适合放置琐碎的物品。

将装着首饰的内盒放在亚克力盒中，不仅颜值高，手指轻轻一伸就能向外拉出，便利指数也相当高。

佩戴频率很高的项链放在上层，以便取用。透过透明的亚克力盒身，可以看到内盒中的首饰熠熠发光，令人眼前一亮。

→博主yukiko

①

②

佩戴频率很高的项链放在上层以便拿取

③

每次打开抽屉都能感受到满满的幸福

1 可叠放亚克力掀盖二层式抽屉·大
约宽25.5×长17×高9.5厘米
价格：2490日元

2 亚克力箱用丝绒内箱隔板·格子·灰色
约宽15.5×长12×高2.5厘米
价格：990日元

3 亚克力箱用丝绒内箱隔板·大·项链用·灰色
约宽23.5×长15.5×高2.5厘米
价格：990日元

24 用壁挂式收纳实现 便捷操作&清爽外观!

我在收纳方面,对于便捷性的追求一向是高于美观的。但话说回来,如果能够兼顾外观的清爽美观,那就再好不过了。

每天都要用的纸巾、笔记本、回形针等文具,我都使用无印良品的磁力杆和文件盒用小盒来收纳。取用时,相较于之前收在抽屉中的方式,这种壁挂式收纳可以减少1～2个动作。这就是1action收纳法!

→博主yk.apari

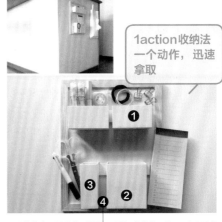

1action收纳法 一个动作,迅速拿取

1 PP文件盒用置物盒(附分隔板) 约宽9×长4×高5厘米 价格:150日元
2 PP文件盒用置物盒 约宽9×长4×高10厘米 价格:190日元
3 PP文件盒用笔筒 约宽4×长4×高10厘米 价格:150日元
4 磁力杆 约宽19×进深0.4×高3厘米 价格:190日元

25 每个家庭成员都在使用的文具 利用分隔式整理盒收纳

家庭所有成员使用的文具,堆放起来也为数不少。此前都是乱糟糟丢在抽屉里,经常因为找不着而烦恼。

为了改变这种状况,我买回了无印良品的PP桌内整理盒。与抽屉式PP整理盒配套使用,看起来相当整洁。而且收纳的物品一览无余,避免我们重复购买文具。

→博主yukiko

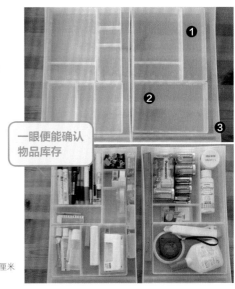

一眼便能确认物品库存

1 PP桌内整理盒3 约宽6.7×长20×高4厘米 价格:150日元
2 PP桌内整理盒4 约宽13.4×长20×高4厘米 价格:190日元
3 PP抽屉式储物盒·薄型·2层 约宽26×长37×高16.54厘米 价格:1190日元

超便利扫除用品6选

有了无印良品的刮把
清洁窗户无需抹布、节省体力

我们都知道，清洁窗户时反复浸湿、拧干抹布的操作是很累人的。我家使用无印良品的刮把来擦拭窗户，刮把上安装了一块海绵，因此免去了抹布操作的环节。使用时，用喷壶将足量的水喷在窗玻璃上，再用刮把上的海绵侧擦拭，然后换成刮把侧将水刮净即可。我的女儿因为觉得有趣，甚至也跟我抢着擦起窗户来了。

无须重复浸湿、拧干操作，这大大提高了清洁效率，缩短了劳动时间。而且喷壶大小适宜，收纳方便，深得我心。

→博主 mujikoko-RIE

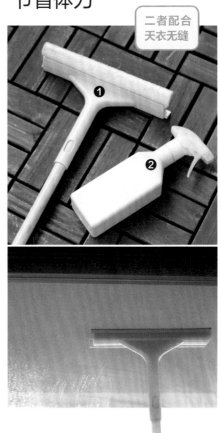

二者配合
天衣无缝

体积小，重量轻

1 扫除用品系列·刮把
约宽24×长7×高18厘米
价格：550日元

2 聚丙烯瓶·喷雾式·碱性电解水清洁剂专用
容量约400毫升
价格：290日元

02 使用**不锈钢丝筐** 整洁收纳扫除用品

我家的扫除用品全部收在不锈钢丝筐中。因为筐足够深，拖把头、小扫帚都可以放入，取用时也很方便，是我非常喜欢的收纳筐。其中存放的扫除用品也都出自无印良品，简约、统一的外观让我做家务时心情愉快了不少。喷壶直接挂在框架上，还节约了收纳空间。

→博主 yuka.home

1 18_8不锈钢丝筐5
约宽37×长26×高24厘米
价格：2890日元
2 微纤维迷你轻便拖把
约长33厘米　价格：490日元
3 扫除用品系列_桌面扫帚（附簸箕）
约宽16×长7×高18厘米
价格：390日元
4 扫除用品系列_刮水刷
约宽24×长7×高18厘米
价格：550日元

喷壶挂在丝筐上，节省了空间

03 无死角清洗水瓶 **附手柄海绵**是主力！

水瓶、水杯造型细长，用无印良品的附手柄海绵可以无死角彻底清洗。此前我用的瓶刷手柄太短，既不方便，也不易洗净。而这款的手柄特别长，可以直接伸到瓶底，洗得干干净净。手柄设计十分简约，因此清洗方便，可以长保清洁。

另一个让我心动的优点是，可以根据不同的用途来更换海绵，新的海绵只需要夹进手柄底部即可使用。

→博主 kanon

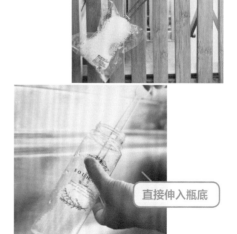

直接伸入瓶底

附手柄海绵　手柄约27.5厘米
价格：790日元

04 迷你刮铲、缝隙刷
轻松搞定缝隙扫除

浴室、厨房等家中用水的场所，总是有些手指无法伸入的清洁死角。如果有无印良品的刮铲和缝隙刷，清扫这些死角便不在话下。右图中的两款缝隙扫除用品，是又窄又深的缝隙中的灰尘、污垢的克星。比如，刮铲有方形的尖头，瞬间就能将堆积在角落的灰尘和污垢清除干净。而且它的手柄很长，用起来相当趁手，是我家厨房清洁一大利器。而缝隙刷的毛刷比牙刷毛更细，经常用来清洁水槽或其他容易残留水渍的缝隙。缝隙刷和刮铲的物美价廉也是我选择它们的主要原因。

→博主mujikko-RIE

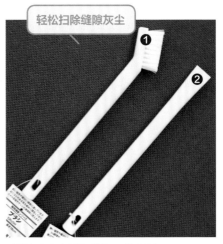

轻松扫除缝隙灰尘

1 缝隙扫除系列·刷子　约宽1×长18厘米
价格：90日元
2 缝隙扫除系列·刮铲　约宽1.5×长18厘米
价格：80日元

---

05 从浴室地面到运动鞋面
有这一根瓷砖用刷就够了！

清洁浴室时，既能去污，又不伤地面、墙面，相信这是每个主妇都希望做到的吧。我家之所以选择无印良品的瓷砖用刷，是因为它的刷毛软硬、长短都很适中，连瓷砖缝里的污垢都能刷得干干净净。

除了浴室之外，我还用这款瓷砖用刷刷窗框、地毯甚至运动鞋。它设计简约，方便好拿，而且刷柄头的钻孔够大，不挑挂钩的尺寸，挂起来也方便。这些都是我中意它的重要原因。

→博主yukiko

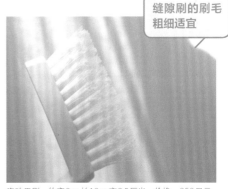

缝隙刷的刷毛粗细适宜

瓷砖用刷　约宽3×长19×高9.5厘米　价格：250日元

06 外形可爱的刷子
为清扫工作平添乐趣

外形可爱的扫除用品，会为日常的清扫工作带来不少乐趣，家务中的琐碎、麻烦所导致的烦躁也会因此而消减。我家使用的无印良品的木制缝隙刷，可爱到让人不禁对用它来刷污垢而感到惋惜。所以不用的时候就将刷子摆着收纳，权当一件装饰。刷子柄很长，足够伸进咖啡机，轻松清除黏附在里面的咖啡渣，而清扫掉落在烤面包机门缝里的面包屑更是分分钟的事情。因为这款刷子是木制的，需要好好保养，因此不能用来刷沾水的地方，以免受潮发霉。

→博主mujikoko-RIE

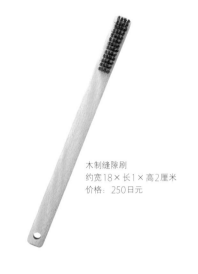

木制缝隙刷
约宽18×长1×高2厘米
价格：250日元

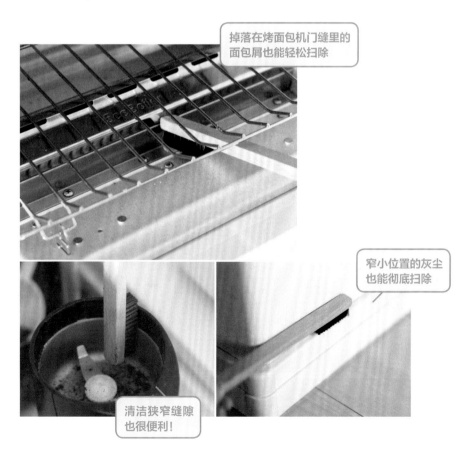

掉落在烤面包机门缝里的面包屑也能轻松扫除

窄小位置的灰尘也能彻底扫除

清洁狭窄缝隙也很便利！

食篇

轻松烹制一餐美食！

从人见人爱的咖喱

到达人推荐的食谱

全面覆盖日常饮食所需

物美价廉的标配食材。

混合起来拌一拌便可上桌的美味食材5选

01 让味蕾拥抱刺激的辛辣口味散发干姜香味的肉末咖喱玉米片

这道散发着浓郁的干姜香味的肉末咖喱玉米片，做法可以在无印良品的官方网站上查到。只需将炸玉米片与干姜肉末咖喱拌在一起，放进微波炉加热即成。其他配料还有番茄、芝士。如果再点缀些许荷兰芹，看起来就更有食欲了。炸玉米片选择墨西哥饼风味。吃起来口感辛辣，与其他食材融合出的口感也很赞。

炸玉米片与肉末咖喱必须事先在烤箱或卡式炉中加热，这点很关键。最后撒上番茄和欧芹，即可端上桌与家人分享了。如要获得更刺激的口感，还可以浇一些辣酱。这道菜辛辣的口感，让我的先生也赞不绝口。

→mujikko-RIEさん

拌饭咖喱
彰显食材风味
干姜肉末咖喱
180克 （1人份）
价格：350日元

墨西哥饼风味炸玉米片
彰显食材风味
76克
价格：120日元

取一个耐高温容器，放入炸玉米片、咖喱、芝士

STEP 1

静置直至芝士充分融化

STEP 2

STEP 3

调入辣酱食用口味更佳

02 为西班牙海鲜饭加点辣
成就孩子都为之垂涎的咖喱海鲜饭

平时我在家会用平底锅来做西班牙海鲜饭。有时候想尝试一点儿辛辣口味，便会添加无印良品的3种辣椒鸡肉咖喱。1袋咖喱搭配约180克大米，可供4人食用。1袋咖喱的辛辣味，品尝起来就已十分过瘾。但如果特别爱吃咖喱的话，建议使用2袋。咖喱本身的味道就足以让人为之上瘾，而添加了3种辣椒的鸡肉咖喱，让海鲜饭的美味进一步升级。享用之前再滴几滴柠檬汁，酸味调和了辛辣与清爽口感的平衡，留在唇齿间的后味超赞。孩子们初次品尝便钟情于此，此后便成为我家餐桌上的常客。

→博主kanon

拌饭咖喱　彰显食材风味
3种辣椒鸡肉咖喱
180克（1人份）
价格：350日元

享用之前滴上柠檬汁，其清爽口感更添美味

回味无穷的辛辣口味与西班牙海鲜饭是绝配！

03 让人大快朵颐的**拌饭**
简单烹饪即可上桌

大家是否也有类似的感受，有时候想偷个懒，简单解决一顿晚饭。好在有无印良品的拌饭酱助我一臂之力。只需将酱料调进米饭、拌匀就可以吃，简直太简单了。拌饭酱种类繁多，挑选口味的过程也是一种享受。令我大感满足的不是做饭的轻松，反而是酱料的味道浸透米饭所成就的一份美味拌饭。每份酱料售价在400日元左右，可谓物美价廉。在其中放少量水，拌出来的米饭口感便恰到好处。在提不起劲或没时间做饭的时候，一包拌饭酱简直就是我的救世主。

→博主 mujikoko-RIE

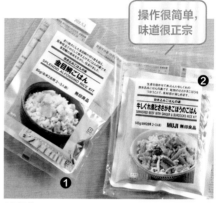

操作很简单，味道很正宗

1 拌饭酱
金目鲷拌饭　85克（搭配180克米饭，2～3人份）
价格：390日元
2 拌饭酱
牛蒡烧牛肉拌饭　145克（搭配180克米饭，2～3人份）
价格：450日元

---

04 食用方便，口味诱人的**拌面酱系列**
也是优秀的防灾应急食品

家中一定要备一些无印良品的"拌面酱系列"，以满足不时之需。这一系列的多种口味让人怎么吃都不觉得腻，保质期一般为1年，关键是还能作为防灾应急食品。我在家中常备5包，一有消耗就及时补充。

将拌面酱加热一下，调进面里即可食用。在我没时间做饭时，它能迅速满足我的口腹之欲。酱料包用料丰富，有酱有汤，口感满分。建议与非油炸面搭配购买！

→博主 mujikoko-RIE

从繁多种类中选择自己喜爱的风味

1 拌面酱　川菜风味麻婆酱　180克（1人份）
价格：290日元
2 拌面酱　长崎风味杂烩汤　250克（1人份）
价格：350日元
3 拌面酱　炸酱　130克（1人份）
价格：290日元
4 拌面酱　芝麻味噌担担面酱（1人份）
价格：290日元

05 轻松自制一杯香料茶
在家中享受正宗的茶香

对我来说，享受一杯红茶的时光是非常珍贵的体验。而如此重要的时刻，如何少得了无印良品的红茶？在为数众多的品类中，我更钟情于综合香料茶。在这款茶包中，桂皮、黑胡椒、丁香等各种香料的添加比例得宜，芳香怡人。可以直接用开水冲泡，而做成奶茶的话将获得更大惊喜。

按照外包装背面的文字提示，我试过在茶水中加入牛奶，将其调和成一杯奶茶。在煮好的茶水中注入温牛奶，就成了一杯英国皇家奶茶。茶包中的香料配比堪称精妙，激发出的正宗的奶茶香令人着迷。

→博主yukiko

香料添加比例适宜

注入开水即飘出一股
正宗香料茶的香味

注入温牛奶，
自制一杯英
国皇家奶茶

综合香料茶包
17克（1.7克×10包）
价格：390日元
图中所示为旧包装。

做法简单、外形可爱！
随心制作点心食材**15**选

01 用考拉小面包制作的三明治 因"太过可爱"而大受欢迎

考拉小面包有着治愈系的造型以及令人怀念的味道，只需将它纵向切开及夹进馅料，就变身一块简单的考拉三明治，大受孩子们欢迎。三明治里除了夹火腿片和芝士片等传统食材外，还可以尝试夹一些甜食，比如巧克力黄油、菌菇南瓜、奶油奶酪等。这样一盘营养丰富、花色多样的点心很快就会被孩子们扫荡一空。这款考拉面包版的螃蟹面包①质朴美味，造型太过可爱，以至于孩子们边说着"舍不得吃"边狼吞虎咽（笑）。无论是直接吃，还是稍微烤一下再吃，口味都很赞。一口咬下，厚厚的三明治带来的口感令人无比满足。而且150日元的售价性价比超高！

→博主mujikko-RIE/kaori

纵向切开，夹进馅料就可以开吃！

小点心装在饼干盒里也分外可爱

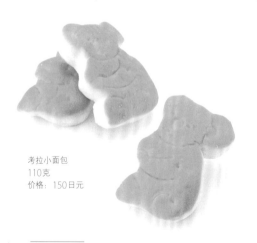

考拉小面包
110克
价格：150日元

---

① 由日本三立制果于1974年推出，且畅销多年。

02 不去咖啡厅，也能制作**厚松饼**！

在咖啡厅里吃过的厚松饼，我一直都很想自己在家制作。其实，只要家里有牛奶盒，实现这个想法一点儿都不困难。首先，将牛奶盒剪下5厘米左右，折成环状（如图左上所示），再在牛奶盒内壁刷一层沙拉油。接下来，将准备好的食材倒入至2.5厘米高左右（如图片右上所示），并用60～70℃的文火烤制10分钟左右。烤制时间视食材的情况而定，以不烤焦为限。加热膨胀略高出容器也无妨。翻面后再烤制5分钟左右，用竹签将两块松饼串起来即告完成。

→博主mujikko-RIE

STEP 1　STEP 2

食

完成！

自制食材 米粉厚松饼
150克（3块份）
价格：250日元

03 只需静置便可品尝的**果子冻**有果汁就够了！

在无印良品食品中，我最喜欢"品味喜好的浓度"系列。它可以用来冲调成饮料，还可以稍加凝固，做成果子冻来配点心。凝固液体的材料可以是吉利丁粉，如果有琼脂的话，成品的口感更好，入喉爽滑。还可加一些葡萄，增加酸甜感。

→博主kanon

"品味喜好的浓度"系列
价格：350日元

04 表面平坦自在装饰

若说享受装饰点心所带来的乐趣，我推荐使用无印良品的"原味曲奇"作为原料。这款曲奇的表面光滑，面积较大，便于装饰。将半边曲奇涂上巧克力，装饰以水果干，就成了一份可爱的情人节礼物。

→博主kanon

原味曲奇
190克
价格：350日元

口感香脆，让人欲罢不能

077

05 在户外烧烤中大放异彩的简单甜点
在家中也能烘烤的斯莫尔①小点心

STEP **1**

STEP **2**

STEP **3**

这道小点心的材料，是用巧克力味的棉花糖和巧克力作为夹心的"双层巧克力棉花糖"。只需片刻工夫，即可变出既可爱又美味的甜点。做法非常简单：准备一些原味的脆饼干，在上面放上棉花糖，放入烤箱或多士炉稍微烤一下，表面微焦即可。

烤好之后，在最上面放一片脆饼干，斯莫尔小点心瞬间就做好了，一口就可以全部塞进嘴里。可以在进烤箱或多士炉前，在它们下面垫一张锡箔纸，接住烤制时被融化的棉花糖。

香脆的饼干，受热融化并交融在一起的棉花糖和巧克力，二者在口中咀嚼出的口感简直美得不可形容！这道只需略加烤制即成的点心，请务必一试哦。

→博主 mujikko-RIE

---

①：即 s'more，"some more"（再来一些）的省略语，是一种美式点心。

融化膨胀起来的棉花糖和
巧克力流到了饼干边缘

双层巧克力棉花糖
136克
价格：290日元

06 散发成熟味道的绿茶与点心
为忙碌的日常带来片刻放松

绿茶来自无印良品的"茶·香料茶"系列。我之所以喜欢这一系列，因为它口味清爽，香料的香味浓郁，却不影响绿茶的本味。

其中的"栗子绿茶"喝起来有一股暖融融的味道，微甜的栗子香味与醇厚的绿茶搭配出绝妙的口感，是午休时的最佳饮品。

而作为"栗子绿茶"的茶配，"香橙巧克力饼干""开心果香草饼干""雪球巧克力"都是我近来钟情的美味点心，也是无印良品的经典食品。

将2种饼干搭配摆盘，颜色和造型都分外可爱，也是我选择它们的原因。它们有着香脆的口感、高级的甜味，售价却很亲民。雪球巧克力的魅力在于其松软的口感，但略带苦味，适合不爱吃甜食的人士。

→博主kanon

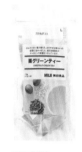

1 栗子绿茶
14克（1.4克×10包）
价格：390日元

2 香橙巧克力饼干　60克
价格：190日元

3 开心果香草饼干　60克
价格：190日元

4 雪球巧克力　80克
价格：250日元

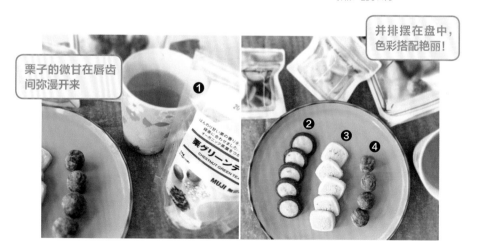

> 栗子的微甘在唇齿间弥漫开来

> 并排摆在盘中，色彩搭配艳丽！

07

软软糯糯，爆浆流心
味道完美，不似冻品！

冻品点心系列中有一款御手洗丸子，外皮软糯，咬开一口便有馅料流出，味美至极！因是冻品，食用之前必须解冻2小时左右，充分解冻之后才能获得更好口感。

这款御手洗丸子的甜度并不似想象中那么高，可谓老少皆宜。从第一口开始，不知不觉中就停不下来了。我先生和儿子也深陷其中，不可自拔（笑）。不过遗憾的是，只能在指定商店和网店购买。每包12粒，售价390日元，性价比超高，是我家中常备的绝佳食物。

→博主kanon

馅料慢慢，爆浆流心！

御手洗丸子　12个　价格：390日元

08

巧克力夹心考拉小面
包让人食欲大开！

在外形可爱的"考拉小面包"中夹一片巧克力，稍微烤制一下，让融化的夹心巧克力流到面包边缘就算完成了。虽说做法简单得够不上"食谱"（笑），但至少让原本的食材显得更加丰满，是我特别钟爱的做法。

→博主kanon

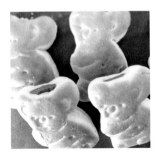

考拉小面包　110克　价格：150日元

09

日本产混合米粉是制
作点心的便利食材！

"自制食材 日本产混合米粉"不添加香料，无染色，是制作各种点心的方便食材。我除了爱用"品味喜好的浓度"系列食材制作饼干，还会使用这款混合米粉。将2种食材搅拌均匀，摊成薄饼，再将2片叠起来烤制，便可以烤出旋涡图案。

→博主kanon

抹茶的绿色搭配出
美丽的图案

自制食材
日本产混合米粉
150克
价格：250日元
品味喜好的浓度
宇治抹茶拿铁
120克
价格：350日元

10 融化后注入杯中即可！
色彩绚烂**可爱的3层慕斯**

棉花糖直接吃就很美味，但只要稍做加工，就可以变身一道可爱味美的甜品，保证让孩子爱不释口。于是我决心挑战一下，使用"品味喜好的浓度 宇治抹茶拿铁"及"夹心巧克力草莓"来制作三层慕斯（4人份）。将原料棉花糖80克、牛奶160毫升放入小锅，开小到中火加热至其融化，稍作冷却之后注入玻璃杯。同时将宇治抹茶拿铁、碾成粉末的夹心巧克力草莓放入，层层叠加出3色3层的慕斯杯。

→博主kanon

利用不同食材，
搭配斑斓色彩！

棉花糖 80克 价格：100日元/
品味喜好的浓度 宇治抹茶拿铁
120克 价格：350日元/
不规则形状 夹心巧克力草莓
45克 价格：490日元

---

11 茶点、零食清单上的常客
一吃就**停不下来的绝品坚果**

我是"无差别坚果爱好者"，无印良品的坚果系列便是我的福音。在这个系列有限的几种坚果中，我每次必买的是"黄豆粉核桃"。这是将核桃不加作料加以烤制后，再撒上黄豆粉。然而正是如此简单的食物，却香气四溢，令人

难以自持。甜度很高，建议配茶或咖啡享用。

另有"腰果仁 烟熏培根味"也是人气很高的零食。咬开腰果仁的外皮，烟熏培根味道便会在口腔中弥漫开去。

→博主mujikoko-RIE

1 黄豆粉核桃30克 价格：190日元
2 腰果仁 烟熏培根味40克 价格：190日元

12 一旦入口便欲罢不能！
不出家门也能享受**电影院特有的美味**

有了"彰显食材风味 焦糖味爆米花"，在自己家中也可以轻松做出电影院特有的零食味道。

除了品尝的乐趣，寻找爆米花上因为焦糖涂抹不均匀而留下的痕迹，以及找出刻意用心涂满焦糖的爆米花，也是一种快乐。焦糖部分口感焦脆，一旦入口便再难停下。满满一袋爆米花，三两下便见了底。

区区100日元就能买到无上乐趣，可谓性价比超高。家中如果有孩子享用的话，建议购买大包装（299日元）。

　　→博主mujikoko-RIE

彰显食材风味 焦糖味爆米花 53克 价格：100日元

13 香喷喷的**烤坚果**
点心、零食队伍中的中坚力量！

"熏制杏仁&腰果"是两餐之间解馋的好选择。相较于一般的烤坚果，熏制坚果的香味更加浓郁，而且只需几颗便可获得极大的满足感。

这款坚果36克的容量不多不少，既可以果腹，又不致过量，刚好适合减肥期间解馋之用。同时，它也可作为下酒的零食常备家中，随时与来客分享。

　　→博主littlekokomuji

熏制杏仁&腰果 36克 价格：190日元

14 尽情享受 坚果美味的浓香与醇厚！

在无印良品的各种点心中，我特别中意的是各种口味的碧根果。每一颗都又大又饱满，吃起来满足感爆棚。嚼上一个，那坚果独特的香脆便肆意侵占口腔。

白巧克力、榛子杏仁、焦糖巧克力等的添加，令碧根果的口味有了多种选择。我个人最喜欢的还是榛果杏仁口味，坚果与坚果交融出的醇厚美味瞬间令我为之倾倒。此外还有糖衣坚果，喜欢吃坚果的朋友一定不能错过。

→博主 mujikoko-RIE

果仁颗粒超大

1 白巧克力碧根果　48克
价格：490日元
2 榛子杏仁巧克力碧根果　48克
价格：290日元
3 焦糖巧克力碧根果　48克
价格：290日元

15 经受不住香脆口感的蛊惑 让人大口吞食的迷你牛角脆

一口酥牛角脆系列的香脆口感绝对超乎想象！我买的是枫糖口味，味道不至于过甜，大人也会忍不住大快朵颐。

一尝之下会发现，与其说这是牛角脆，不如说它是一块厚实的派。虽然只有80克，看起来相当不起眼，但整包吃完便觉饱腹感十足。

下次我一定要试巧克力口味的牛角脆，并且把这款牛角脆列入我的无印良品必尝点心列表！

→博主 mujikoko-RIE

树叶造型
分外可爱

一口酥枫糖味牛角脆　80克　价格：290日元

咖喱·香料研究专家
一条纹子女士

专家推荐！印度人
为之惊叹的咖喱8选

01 酱汁与配料配比完美
可供任意料理的黄油鸡肉咖喱

利用速食咖喱可以即刻成就一道美食。而在速食咖喱之中，我推荐无印良品的咖喱，因为它可以充分彰显食材本身的风味。

首个要推荐的是彰显食材风味系列咖喱中的黄油鸡肉咖喱。那股醇厚的味道足以让味蕾为之上瘾。直接食用自不必说，因为它的酱汁和配料配比完美，也很适合用自己喜欢的方式加以烹调。而且它的保质期很长，我总是一次性买回一批囤在家里。

将吐司稍微烤一下，蘸着这款咖喱吃也无比美味，每当在家开派对时，就轮到这款美食登场了！

→博主一条纹子

速食咖喱也有着超级浓郁的味道！

彰显食材风味
黄油鸡肉咖喱
180克（1人份）
价格：350日元

02 口味醇、分量大的茅屋芝士
印度咖喱的灵魂

分量可观的茅屋芝士令人欣喜

若论咖喱的发源地，那非印度莫属。只有香料味道正宗的咖喱才美味。

无印良品的茅屋芝士咖喱，是一款使用茅屋芝士为原料的印度咖喱，一入口便有浓厚的味道恣意弥漫。茅屋芝士的柔软带出恰到好处的弹性、润滑，让人越吃越上瘾。而且这款咖喱中的茅屋芝士分量之大，令人感动。那轻掠过鼻端的肉汁的辛辣味，与茅屋芝士的对比也恰到好处，二者调和而成的味道口感甚佳。

→博主一条纹子

彰显食材风味
茅屋芝士咖喱
180克（1人份）
价格：490日元

---

03 只想进食一小碗？
那就选择小包装咖喱！

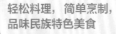

轻松料理，简单烹制，品味民族特色美食

一份速食咖喱的量，有的大约比一人份稍多一些。我一个人食量不大，有时又只想吃一点点咖喱，就会选择无印良品的小包装咖喱。在这一系列咖喱中，就有我喜欢的椰香鸡肉咖喱。

只需动手准备一小碗咖喱，就可以体会到异国美食中的风情，何乐而不为？这款咖喱中，高人气的椰奶与火辣辣的芥末香料达到了绝妙的巅峰。小包装咖喱系列中还有许多口味，可以搭配组合出不同的美食。一边搅拌一边享用，感觉吃出了印度风情。

→博主一条纹子

小包装咖喱
椰香鸡肉
90克（一人份）
价格：250日元

04 口味醇厚、回味持久
值得花时间去享用的咖喱！

当你某天想要跳脱平淡的日常，来一餐考究饮食之际，我推荐无印良品的小牛骨汤和稀奶油的浓厚牛肉咖喱。它是在用小牛肉与香味蔬菜炖煮的小牛骨汤中，加入洋葱及植物果实制作而成的。

炖煮小牛骨汤的精心程度，不亚于高级餐厅。浓郁的汤底赋予了咖喱酱以深远的回味。而且，鲜奶油的使用，也使其口感特别柔滑。面对这样一款咖喱，当然要花费时间，去细细品味这至上的美味。

→博主—条纹子

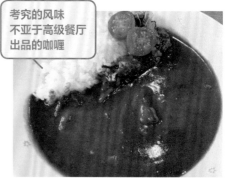

考究的风味
不亚于高级餐厅
出品的咖喱

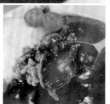

彰显食材风味
小牛骨汤和稀奶油的浓厚牛肉咖喱
180克 （1人份）
价格：350日元

---

05 辛辣口味肉末咖喱
同样适合稍加搭配食用

这款咖喱模仿印度北部的肉末咖喱而制，是彰显食材风味系列咖喱中的一款。包含在用料中的大蒜、姜激发出的香味让人食欲大开，香辛料在其中充分发挥作用，恰到好处的辣味令人心情愉悦。那种美味很难让人将其与速食咖喱联系起来。正宗的吃法，是将咖喱浇在白米饭上，但也不乏打破常规的吃法。我推荐加在乌冬面中，做成辣味咖喱乌冬面，再打入生鸡蛋一起搅拌，以增加醇厚口感。若论搭配食用的便利性，我觉得这款咖喱堪称优秀。

→博主—条纹子

彰显食材风味
肉末咖喱
180克 （1人份）
价格：290日元

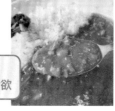

香料香气四溢，
勾引着强烈的食欲

06 日常蔬菜摄入不足时
让营养满分的蔬菜汤咖喱来救场

大概每个人都有因为太忙而无暇好好吃饭，导致蔬菜摄入不足或营养失调的情况吧。可要是没有时间做饭可怎么办呢？别急，无印良品的鸡肉蔬菜汤咖喱来救场！我就是这款咖喱的日常受益者。

这款辣味蔬菜汤可以促进新陈代谢，汤料里满满的蔬菜，感觉可以为身体做一次深度排毒。健康的蔬菜、足量的配料一定会让食客获得极大的满足。

→博主一条纹子

健康蔬菜分量满满

彰显食材风味
鸡肉蔬菜汤咖喱
250克（1人份）
价格：490日元

---

07 做法简单！可以马上出锅的手工馕

咖喱除了配米饭，配馕也是美味之选。无印良品的手工馕只需揉、摊、烤这几个动作便可以上桌，与欧式咖喱、泰式咖喱都很搭配。如果吃不完，下次用微波炉加热片刻便又可以食用。

→博主一条纹子

适合搭配各种风味的咖喱

用平底锅可以烤的手工馕
200克（4片）
价格：190日元

---

08 搭配咖喱的米饭都必须是正宗亚洲味！

品尝亚洲风味的咖喱时，连同白米饭中都要尝出正宗的亚洲味！能够满足这一要求的，便是无印良品的茉莉米。这是一款速食米饭，放进微波炉加热片刻，即可浇上亚洲风味咖喱食用。还等什么？就让味蕾来一次亚洲之旅吧！

→博主一条纹子

速食米饭只需微波炉加热即可

加热即食米饭
茉莉米
180克（1人份）
价格：290日元

衣·美篇

美妆达人私藏的低价好物清单、

让你变美的美容单品大放送！

穿着舒适的
服装类杂货4选

01 设计简约，百搭无忧
脚感舒适的**轻便运动鞋**

无印良品的运动鞋设计简约，无论搭配什么衣服都毫无压力。虽然有偷懒之嫌，这种不会出错的造型设计还是令我非常开心。但如果你以为它仅此一个优点，那就错了。即便长时间穿着这款运动鞋，双脚也不觉疲劳，这才是我如此钟爱它的主要原因。

秘密就在于，它的鞋内底采用了立体造型设计。足弓部分因此而向上隆起，走路时感觉

双脚稳健，脚掌丝毫不会偏离地面。脚感舒适，很好地保护了双脚和双腿。

无论是平时穿着出去遛狗，还是大包小包购物，甚至是外出旅行，这款可爱又万能的运动鞋都伴随着我。

→博主 mujikoko-RIE

长久穿着也不
影响舒适度！

不易疲劳、不易沾水运动鞋
价格：2990日元

02 小巧可爱的简易小挎包
大人、儿童都适用

当时我正在找一个背包，可以给孩子装她的钱包，偶然间就看到了无印良品的这款小挎包。它体积不大，自重很轻，正适合孩子用。当然，即便是大人挎着它也很可爱。

挎包内侧没有口袋，是极简的设计。但也正因如此，才可以装各种各样的东西。钱包、小手巾、小水杯、零食等都不在话下。挎包带可以任意调节长度，这一点也是一大优势。

→博主mujikoko-RIE

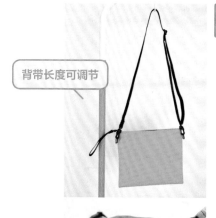

背带长度可调节

不易沾水小挎包　价格：990日元

03 不易滑脱的船袜
浅口鞋的最佳搭档

天气暖和的时候，我会穿着浅口的轻便鞋外出，同时搭配一双船袜。无印良品的船袜具有防滑设计，不易滑脱。脚尖部位柔软的弹性衬里能够给脚趾以温柔的呵护。有了舒适的船袜，穿着浅口鞋也倍觉舒适。

→博主mujikoko-RIE

脚尖部位附有弹性衬里

脚跟带防滑浅口船袜
价格：350日元

04 材质柔软
脚感舒适的拖鞋

无印良品的软拖鞋采用天竺棉制成，对皮肤无伤害，而且衬里使用了绒面革材质。穿在脚上，柔软且富有弹性的脚感十分舒适。而且尺寸合脚，走路轻便、不易疲劳。这款拖鞋有藏蓝色、灰色可选，二者看起来都是沉稳的颜色，大气耐看。

→博主yukiko

1 棉天竺柔软拖鞋/
海军蓝
价格：790日元
2 棉天竺柔软拖鞋/
灰
价格：790日元

典雅、沉稳的颜色也很可爱！

令人心动！物美价廉的美肤单品6选

01 日常护肤好帮手
滋润柔和的**卸妆乳**&**化妆水**

在我的日常生活中，不可或缺的就是护肤用品。我的美容用品全被无印良品承包了，其中从未中断使用的是温和卸妆乳及敏感肌高保湿化妆水。

从触感来讲，卸妆乳不如卸妆油那般干爽，但卸妆乳会在揉搓脸部的过程中慢慢融化，洗净后皮肤不紧绷。对于不适应卸妆油的人士，我建议使用卸妆乳。而我选择的化妆水因是高保湿型，即便不使用乳液也无妨。这两款产品一旦开始使用，便会感觉再也离不开了。

→博主蜗居

温和的卸妆乳与清爽的化妆水

1 化妆水·敏感肌用·高保湿
200毫升
价格：690日元

2 卸妆乳　200毫升
价格：990日元

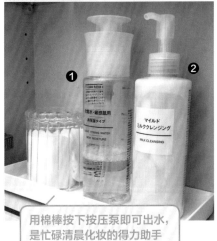

❶ ❷

用棉棒按下按压泵即可出水，是忙碌清晨化妆的得力助手

02 美白系列，专业护肤 让你无惧盛夏烈日！

夏天的日晒容易对皮肤造成损伤，我又是容易晒黑的肤质，因此我在美白上一直不遗余力。目前使用的是无印良品的美白化妆水及美白乳液，这2款单品是基础化妆品的补充。

之所以选择这2款，是因为它们对敏感皮肤很友好，而且配合使用便足以应付日常护肤。其中不添加任何香料，因此适合对香味敏感的人士使用。外观设计也依然承袭着无印良品的简约风，整体看起来十分和谐。与其他无印良品的化妆品摆放在一起，本身就是一种时尚。

→博主 littlekokomuji

并排摆放时可爱感爆棚

1 敏感肌药用美白化妆水·高保湿　200毫升
价格：1590日元
2 敏感肌药用美白乳液　150毫升
价格：1390日元

03 吸收均匀的身体乳液 保护全身肌肤免受干燥困扰

在保养皮肤时，最在意的还是皮肤的干燥问题。我一般使用无印良品的身体乳液来保养全身皮肤。将乳液涂抹在皮肤上时，那种绵长的触感真是令人深感满足。这一点貌似微不足道，但我看重的是可以缩减涂抹的时间。这款乳液适用于敏感肌，因此我也会给孩子们洗完澡后涂抹。

无论白天黑夜，只要感觉皮肤干燥，即刻就能使用，而且家庭每个成员都适用。这款身体乳液可以说是我们家的宝贝，呵护着每一个人的皮肤。

→博主 mujikoko-RIE

保护皮肤免受干燥困扰

敏感肌身体乳液
250毫升
价格：990日元

1次按压的量不多
不少刚刚好

04 在家用、外出用
满足不同需求的**防晒霜**

夏天全家人外出游玩时，我最介意的还是紫外线对皮肤的伤害。色斑、皱纹都是我想要极力预防的，因此我为家中成员准备了无印良品的防晒套装。

首先，常备家中的是防晒乳。按压泵设计非常方便挤压，而且乳液质地干爽，涂抹均匀，全身皮肤都可以使用。外出时则使用喷雾式防晒霜，化妆后轻松一喷即可，而且小包装尤其方便随身携带。还有1件方便携带外出的是防晒纸。想象一下，旅途中用防晒纸在全身擦拭一遍就能起到防晒作用，这是多么惬意的事情！我平时都会根据不同的需要，选择使用这3种防晒用品。

→博主mujikoko-RIE

预防色斑、皱纹，常备防晒套装

1 敏感肌防晒乳
SPF27·PA++
150毫升
价格：1490日元

2 防晒喷雾
SPF35·PA+++
50毫升
价格：790日元

3 防晒纸
12枚装
SPF12·PA+
价格：290日元

05 美容导入液
让皮肤一夜之间有如再生

购买无印良品的美容导入液，是为了调整皮肤的状态。清洁面部之后，使用化妆水之前一定要先上一层导入液。它的作用是帮助皮肤更好地吸收化妆水，让次日的皮肤焕发全新状态。至今我已买了3瓶，在各品牌的导入液中，这是我唯一的选择。

因出门旅行需要在外住宿时，我一定会带上它。在家时使用200毫升装，出门则带上50毫升的小包装，390日元的售价可以说相当超值，建议买来试用一下。

→博主konacchan30

拍化妆水之前必定先用导入液

美容导入液
200毫升
价格：1290日元

06 水润的卸妆液&化妆液
消解眼部负担与保养皮肤的利器！

眼影、眼线、睫毛膏……眼部承受着化妆品带来的重负，超乎我们的想象。为消解眼部负担，我选用了无印良品的眼部卸妆液。它可以有效清除眼部化妆品，又没有黏糊糊的感觉，而且不到1000日元的价格相当实惠！有了它，每天的眼部卸妆工作轻松多了。

洗完脸之后要拍美容导入液，它的优点是持久保湿，吸收性强。而这些护肤品又可以收在无印良品的化妆盒中统一保管。

→博主littlekokomuji

统一存放面部清洁前后的皮肤保养用品

1 美容导入液　200毫升
价格：1290日元
2 温和眼部卸妆液　110毫升
价格：790日元
3 聚丙烯化妆盒·1/2　横型　半透明
约15×11×8.6厘米
价格：190日元

变美的捷径！
超赞的化妆用品9选

01 散发柔和香味的**唇膏&护发油喷雾**
让外出、保养两不误！

皮肤保养是日常大事，然而嘴唇和头发的保养也不容忽视。我当然还是选择无印良品的美容单品了。

令我感受特别好的是护发油喷雾。"油"这个字给人的印象一般是油腻腻、黏糊糊，但无印良品的这款护发油是喷雾，只需将喷头靠近头发，轻轻一喷即可。虽然用手摩挲可使护发油更好吸收，但光泽度就明显不如自然效果。柑橘水果的香型柔和，令人心情愉悦。

另外，每次涂上润唇膏之后，那种淡淡的香味总是似有若无，时刻带给我好的心情。唇膏有各种香型可供选择，这一点也让人很开心。全部凑齐之后，那整齐划一的白色真是赏心悦目。

→博主mujikoko-RIE

简约的设计使随身携带也不失乐趣

1 润唇膏·香草型
10克
价格：550日元

2 护发油喷雾·柑橘香型
45毫升
价格：1290日元

02 忙碌的早晨也可以使用
充满设计感的**木梳**

这款梳子是我给女儿梳头的必用工具。我喜欢无印良品的木梳，因为它的设计简约、可爱。而且它轻巧有弹性，梳马尾辫或丸子头都很容易。孩子淘气不肯配合，或早上急急忙忙的时候，用它梳头便省心得多。

当然了，晚上沐浴后，我也喜欢用它来悠闲地把我的头发梳顺。它有着漂亮的木柄，随便摆放在桌上也可当作一件装饰品。

→博主蜗居

外形可爱，不亚于装饰品

木质_头发保健梳　全长约20厘米　价格：1290日元

03 **美发液**修复受损头发
柑橘清香宜人

虽然明知会损伤头发，但我还是经常会抵挡不住诱惑而去染发、烫发。每次做出可爱的发型，又为加重了头发的负担而深感愧疚……

于是我找到了无印良品的美发液。头发洗净、擦干后将美发液抹在头发上，用吹风机吹干，以便头发吸收即可。如此保养过的头发顺滑柔软，柑橘清香令人心旷神怡。用过之后，每天起床时的头发再也不会蓬乱松散了。

→博主mujikoko-RIE

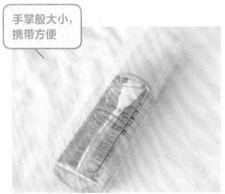

手掌般大小，
携带方便

美发液
45毫升
价格：1290日元

04
忙碌清晨好帮手
散发柑橘清香的**头发造型硬发蜡**

每天清晨都着急忙慌，总是有各种事情要做，而其中最花时间的事情便是整理头发，为此我特意求助于无印良品的头发造型硬发蜡。

硬发蜡的质地自然是偏硬的，但这款产品又不至于过分坚硬，在头发上很容易抹开。而淡淡的柑橘清香，也能让清晨的心情更加舒畅。

我还会把它带在身边，当发丝略有蓬乱时便于随时整理。而且小包装放在包里也丝毫不占空间。当然了，如果用量大的话，我还是推荐购买大包装。

→博主 mujikoko-RIE

小盒装适合经常携带外出

头发造型硬发蜡（便携款）
20克
价格：590日元

05 纤细小巧卷发棒
随时随地理发型

因为工作的关系，我经常要参加拍摄，因此必须自己整理妆容和美发。而无印良品的这款无线卷发棒，在我的美容工具队伍中算是一员得力干将。尤其在下雨天更是不可或缺。

因为它是无线设计，每次充完电就可以马上使用，这一点是令我无法抗拒的优势。而且它还配有一个小化妆包，大小合适，在我的背包里一点儿也不占空间。拍摄也好，旅行也好，都能看到它小巧的身影。

→博主littlekokomuji

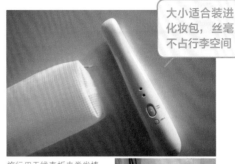

大小适合装进化妆包，丝毫不占行李空间

旅行用无线直板夹卷发棒
型号：KCC-R152
价格：4890日元

06 在柑橘清香中
惬意护甲

区别于一般气味刺鼻的洗甲水，无印良品的洗甲水散发柑橘温和的清香，使用起来十分舒服，这也是我钟情于它的原因。但它的优点不仅于此，它不伤甲面，也不会对人造成困扰，使用起来特别放心。

→博主littlekokomuji

洗甲水
100毫升
价格：490日元

不伤指甲的洗甲水

07 携带方便
使用称心的脸刷

在我随身携带的化妆品中，我特别喜欢无印良品的便携脸刷。不用时盖上盖子，还可以防尘。而且个头十分小巧，最适合随身携带。这款毛刷特别细腻，触感完美！

→博主littlekokomuji

携带用脸刷
全长约105毫米（伸缩型）
价格：1790日元

盖上盖子的造型充满时尚感

08 使用性、设计感兼备
为**每日必用之物**锦上添花

在修饰自己的仪容时，我对眉毛也是有一定要求的。眉笔和眉刷是两样绝不可少的工具。在无印良品还可以单买刷毛。

眉刷柄较长，握在手中很舒服，而且背面还带眉梳，进一步升级了使用体验！只要眉毛漂亮，包里的化妆工具再多一件又何妨？

无印良品的化妆刷中还有一件令我不能舍弃的，那就是腮红刷。这款腮红刷的配色是银色×灰色，设计简约，色调清爽。虽然是腮红刷，但有时我也当作面刷来用。那毛茸茸的触感也仿佛能够带来好心情。

—博主mujikoko-RIE

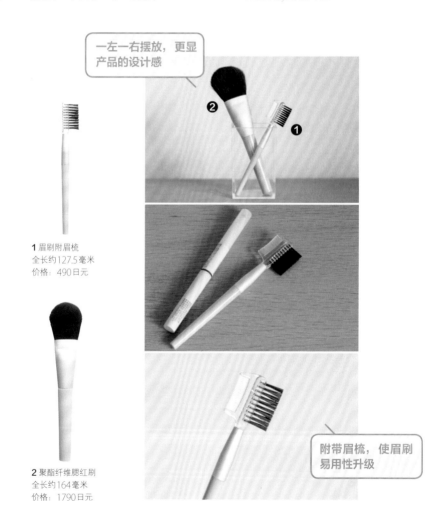

一左一右摆放，更显产品的设计感

1 眉刷附眉梳
全长约127.5毫米
价格：490日元

2 聚酯纤维腮红刷
全长约164毫米
价格：1790日元

附带眉梳，使眉刷易用性升级

09 自组彩妆盘
为忙碌的清晨减负

清晨总是匆匆忙忙，一不小心就容易丢三落四。为了挤出哪怕点滴时间，我选择了无印良品的自组彩妆盘。

有了这款彩妆盘，可以将眼影、腮红、唇膏、眉笔以及各种毛刷一股脑儿放进去。型号分S、M、L3种，我买的是最大的一种，因为足够我把所有毛刷全部收在里面。此前我一直用亚克力盒来放这些彩妆用具，每次开、合盒盖特别麻烦，无形中还浪费了原本就宝贵的时间。现在全部收在一起，只要打开1次就可以完成所有化妆工作，效率提高了不少。

→博主 littlekokomuji

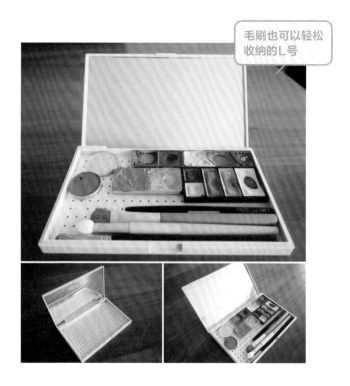

毛刷也可以轻松收纳的L号

自组彩妆盘·L
长163×宽101×高15厘米
价格：1690日元

放松身心的治愈系圣品
香薰用具6选

01 既可消除疲劳
又可带来平和心境的香薰机

我是一个以持家、育儿为业的家庭主妇，我的职场就是我的家庭。每天忙忙碌碌之后，疲劳就在夜晚袭来。这时，我会借助香薰机来消除疲劳，恢复精力。香薰机那微弱的灯光，照亮房间一角，更显夜晚的静谧。似有若无的芳香飘浮在空气中，令人心境逐渐回复平和。即便在大房间中，它散发出的香气也能够飘散至每一个角落。虽然人在家中，却仿佛置身于无印良品门店中一般，疲劳瞬间消失殆尽。

香薰机除了散发香氛之外，在干燥的季节里，还兼做空气加湿器之用。香氛和湿润的空气，都为我们的日常生活带来美好的享受。

→博主yuu_425

香薰可以消除疲劳

超声波香薰机
约直径168×高121毫米
价格：6890日元

香薰还可以湿润
室内空气

02 在潮湿的**梅雨季节**
风干阴湿的心情

无印良品的香薰机的作用何止于熏香。对我来说，它也是梅雨季节除湿的干将。有了它，潮湿郁闷的心情仿佛也一扫而空。

配套使用的精油种类繁多，我们可以根据不同的心情选择不同香型的精油。纤巧的精油瓶造型时尚，放在香薰机旁，也能将其衬托得别具情致。湿润的香雾、清新的芬芳使人精神一振，继续度过这潮湿的梅雨季。

→博主 littlekokomuji

梅雨季节变身
强力除湿机

超声波香薰机
121毫米
价格：6890日元

03 香薰的**怡人芬芳**与柔和光亮
营造疗愈心灵的空间

记得我新婚时，每晚散步都会经过一户透出橘色微光的温暖人家。我一直对那样的温暖氛围充满了向往之情。后来，无印良品的香薰机终于满足了我的这份向往。趁着我女儿洗完澡，我便关掉电视，打开香薰机，用它的亮光代替灯光。女儿一看到那亮光便会产生睡意，继而很快入眠。而我则点上喜欢的精油，让卧室沉浸在放松的氛围中，劳累与压力得以消除，我也在愉悦的心情中入睡。

→博主 ayumi

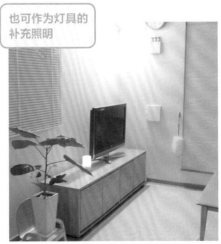

也可作为灯具的
补充照明

超声波香薰机
约直径80×高140毫米
价格：4890日元

103

04 一柱悠悠的线香
带你进入身心放松的空间

想要享受芬芳时自然会选择香薰，但我个人比较喜欢用焚香来放松心灵。我选择的是白檀线香，它没有过分浓郁的香气，却可以氤氲在房间的每一个角落。线香很短，随时可以点上一根来享受。

在水曲柳托盘中摆上一个瓷香立，一只陶器，一套可爱的焚香套装便完成了。可以放在餐桌一隅安静地欣赏，也可以放在卧室，陪伴自己度过悠闲的夜晚。我喜欢它简单、小巧，环境适应性强，可以带到各个房间，为家人营造闲适的氛围。

→博主 littlekokomuji

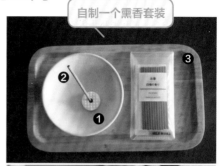

自制一个熏香套装

可以直接端进房间

1 瓷器圆形香插立
1个装 线香、塔香两用
价格：190日元

2 香_白檀香
12根装·线香
价格：390日元

3 木制托盘_水曲柳
约长29×宽17.5×高1.5厘米
价格：590日元

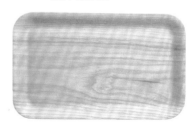

05　与口罩配套使用
长保口腔清爽

　　为了预防感冒和消除花粉症的困扰，我一年四季都随身备着口罩。如果一直戴着口罩，嘴角边会不舒服，但无印良品的这款口罩在嘴角的位置上安装了金属夹条，不会对呼吸造成任何影响。

　　另外，我还总是带着柑橘香型的口罩喷雾，二者配合使用。只要喷1下，那湿润的清香便会在口罩内侧持续散发，带给我清爽感觉。喷雾小巧可爱，外出时放在包中以备随时取用。

　　→博主蜗居

大小合适，
常备在包中

1 无纺布口罩　5枚装　价格：190日元
2 喷雾型口罩·柑橘香型　50毫升　价格：690日元

06　简约外形为
绝佳的加湿效果锦上添花

　　无印良品的香薰机不仅外形简约，用法也十分简单，只需将水从盖子上方注入即可！这恰恰是它最大的魅力所在。

　　当加湿量开到最大时，雾气大股喷出，带来充分的加湿效果。开机时的噪声几乎为零，虽然体积略大，但白色外观及简约设计却并不给人压迫感。当然，与房间的装修风格也很相称。再用上自己喜欢的精油，立刻就能置身于一个舒适愉悦的空间。

　　→博主mujikoko-RIE

加湿效果出类拔萃！

大容量超声波香薰机（附加湿功能）
型号：MJ-ADB1
价格：1万4900日元

日用品篇

从文具到厨房用品

减轻家务负担，愉悦日常心情的杂货

为你一网打尽！

为充实家居生活贡献其价值的日用品14选

01 干燥房间环境，提高空调功效
终年不知疲倦的**空气循环风扇**

也许大部分人会倾向于购买品牌电器，但我要推荐的是无印良品出品的家电。我家里使用的是一款低噪声、大风量的空气循环风扇，它的大风量足以在极短时间内让房间风干。同时，它还可以帮助从空调中吹出的冷、暖风进行循环。空调功效的提高，让房间保持冬暖夏凉，还能够达到节电效果。这款一年到头都在工作的空气循环风扇还有着简约的外观，与所有无印良品的产品一样，与室内装修融为一体。

→博主akane

拆分简单
清扫轻松！

空气循环风扇
（低噪声风扇·大风量型）·白色
型号：AT-CF26R-W
价格：5890日元

02 舒适沙发
为客厅创造更放松的空间

舒适沙发柔软的弹簧垫设计，可以紧实地包裹住我们的身体。我家也有"棉牛仔布软管填充坐垫"，但在我偶尔逛的一家无印良品店内发现了舒适沙发的身影，对它可爱的外形毫无抵抗力的我，一时冲动之下便买回了家。

既可以用它来做靠背，也可以做脚凳。我把沙发、填充坐垫等3个并排摆放，整个身体都陷在里面。这样的做法慵懒至极，却带给我放松的片刻。

颜色我选的是棉牛仔布（胡桃木）色，可以搭配我家原有的胡桃木色坐垫，摆放在家中不同位置都能带给我不同的享受。

→博主yuka.home

胡桃木与牛仔布纹互为搭配

3个一套，让全身得到放松

1 舒适沙发（主体）
宽65×深65×高43厘米
价格：1万2600日元

2 舒适沙发用外套/棉牛仔布
（山胡桃木条纹）
宽65×深65×高43厘米
价格：4990日元

3 舒适沙发/套装/靠垫/棉牛仔布
（山胡桃木条纹）
宽30×深30×高43厘米
价格：4990日元

03 将洗发水、沐浴露收入袋中 一起带进浴室

收纳空间
超乎想象

当我们全家出动去泡温泉时，一定会随身带上这款EVA树脂小号浴用化妆包。虽然现在大部分公共沐浴设施中都备有洗发水、沐浴露，但我这个资深温泉爱好者还是习惯使用自己带的沐浴用品。

化妆包的网面设计，使它即便被水打湿也很容易擦拭干净，因此可以直接带进浴室。它还有足够空间可以收纳所有必需的沐浴用品，自从带上了它，我便很少在大浴场里丢东西。

虽然尺寸不大，但它的容量却不容小觑。装满沐浴用品后放进大包，也不必担心会变形，拿取特别省心。而且它的轻便小巧也是我喜欢它的原因。

→博主蜗居

EVA树脂_浴用化妆包·小
约13.5×20×5.5厘米
价格：990日元

---

04 "啪嗒"一声便可紧闭盒盖 不掉落、免遗失！

我女儿小时候曾经用"可自立收纳携带箱"来放她的绘画用具。随着她升入小学，使用它的机会越来越少，却依然发挥着余热。现在，它已经变身成为我们家的"收支管理"盒了。这是一款A4纸大小的手提盒，刚好能用来存放计算器、小笔记本、电子秤、钢笔之类。带扣设计可以将盒盖牢牢扣紧，连一张收据都不会遗落。

盒内设有隔断，便于分门别类存放物品。如果在其中再放一个PP桌内整理盒，便可将物品整理得更加细致，收纳孩子的玩具也很方便。

→博主mujikoko-RIE

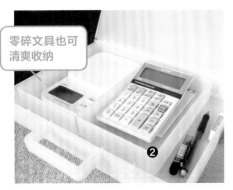

零碎文具也可
清爽收纳

1 可自立收纳携带箱·A4用
约长28（含提手）×横32×厚7厘米　价格：890日元
2 PP桌内整理盒2
约10×20×4厘米　价格：190日元

05 冰箱门上挂笔盒 书写便条好简单

我家的冰箱门上总是贴着"食材采购清单"，用来跟进需要统一购买的用品。后来我改用磁性条将清单压在冰箱门上，并且将PP文件盒用笔盒挂在磁性条上。这样一来，只要我一想到要买什么东西，马上就可以提笔记下来，特别方便。当然，磁性条下压的除了采购清单之外，还经常是便条。虽说我尽量避免在冰箱上贴东西（笑），但灰色的磁性压条和笔盒与冰箱颜色相近，丝毫没有违和感，这一点恰恰消除了我的顾虑。

→博主 pyokopyokop

设计低调、外观清爽

1 磁性压条 约宽19×长0.4×高3厘米
价格：190日元
2 PP文件盒用笔盒 约宽4×长4×高10厘米
价格：150日元

---

06 开合简易抽取便利，优势出众

正当我为寻找一款与室内装修匹配的湿纸巾盒而烦恼时，恰好遇到了这款聚丙烯湿纸巾盒。它的极简设计，使之在房间任何一处都毫无违和之感。盒盖开合简单，抽取口开阔，抽取纸巾十分方便。

→博主 littlekokomuji

无一处多余设计

聚丙烯湿纸巾盒
约宽19×长12×高7厘米
价格：490日元

07 跨界使用也不在话下

无印良品的眼镜盒，外形小巧，性价比超高！立式设计既耐看又方便，无论将其放在什么位置都显得清爽和谐。除了眼镜之外，还可以用来放化妆用品，以及软管装的调味料，适用范围之广出人意料。大、小尺寸可以各买数个，以备不时之需。

→博主 yk.apari

设计低调大方

1 立式PP眼镜·小物件盒＿大
约长4.4×宽7×高16厘米 价格：190日元
2 立式PP眼镜·小物件盒＿小
约长3.5×宽5.5×高16厘米 价格：150日元

08 见缝插针，身形苗条低调的垃圾箱，本事不一般！

鉴于垃圾箱的作用，一般会尽量设计得低调、不起眼。而我们对它又有着各种苛刻的要求——既要简单的颜色、形状，又要够大的容量。这款聚丙烯可选盖子的垃圾箱，却能够满足我们所有的要求。

它的灰白色外观绝对低调，巧妙的箱体设计使其易于塞入狭窄的空间。而最具特色的则是可以自行安装的箱盖，纵开、横开都不成问题。这种可以根据放置空间来改变开合方向的设计，使我轻松不少。

→博主 ayumi

可以根据放置的位置，选择竖开式或横开式

1 聚丙烯_可选盖子的垃圾箱·大（30升垃圾袋用）
带袋扣·约宽19×深41×高54厘米　价格：1490日元
2 聚丙烯_可选盖子的垃圾箱用盖_纵开用
约宽20.5×深42×高3厘米　价格：490日元

09 充当临时垃圾桶又何妨？藏进文件盒，垃圾全不见

当我的小女儿还只有1岁多的时候，开始沉迷于翻检垃圾桶，并将桶内的东西往嘴里塞。我们为阻止她这种危险的行为而伤透了脑筋，只能将垃圾桶移到桌面上，可又觉得垃圾桶实在有碍观瞻……最后决定用聚丙烯文件盒来代替垃圾桶。虽然盒体上有开孔，但并不会导致垃圾外漏。又美观又实用的文件盒，既起到了装垃圾的作用，又解决了我女儿翻垃圾的难题。

→博主 pyokopyokop

代替了垃圾桶的文件盒仍然魅力不减！

PP文件盒/标准型/A4用 灰白色
约宽15×深32×高24厘米
价格：990日元

10 柔韧的软壳拉杆箱
闲置收纳时也能节省空间

拉杆箱在家中总是太占地方，可如果我们选择了S码可收纳成一半厚度的软壳拉杆箱，就不必为此而烦恼了。我在家里则是将这款软壳箱收在硬壳拉杆箱中。

它的材质十分柔韧，即便塞入较多行李也不必担心它的承受力。它还附外袋，用起来十分便利。软壳箱的老化问题，在这款坚韧的拉杆箱上也不存在。而且它采用了防水材质，即便不慎沾水也没有任何压力。我女儿带着它出国旅行，并完好无损地带回了家。

→博主yukiko

闲置时可将厚度减半

可收纳成一半厚度
软壳拉杆箱S
海军蓝
价格：9900日元

11 只需拉紧带子，即可安全收纳
也可用于玩具收纳

拉紧带子即可收纳的便携式包容量惊人，是无印良品的一款新品。物品放在包中，只需将带子一拉，收紧袋口，就变成一只背包。因为不带商标，还适合用来做环保袋。装入包中的物品会直接改变包的形状，我会反复试着将买来的物品放进、拿出，直至对包的外形满意为止。

→博主mujikoko-RIE

既是环保袋，又是旅行袋！

拉紧带子即可收纳的便携式包　价格：1490日元

12 直流电、交流电都适用
室内、室外随心照明!

这款在折叠状态下显得十分紧凑,且无法判断为何物的长方体,实际上是一盏LED桌灯。

它的巨大魅力在于电源,既可以使用5号电池,也可以接入交流电源,是一款可以无线使用的优秀产品。有了它,我们不必介意烦人的电源线,可以把它带到任何地方提供照明。平时放在家中使用,旅行时带出门使用,或许还是休闲中的好伴侣。

通过桌灯基座上的按钮,可以开关电源,以及将亮度从Hi调节至Low。如此简单的操作,连孩子也很容易上手。按钮与桌灯本体都是灰白色,简约设计从不喧宾夺主。

亮度调节有Hi、Low2段,在后者的状态下,亮度也十分充裕,可以作为补充照明使用。

→博主mujikoko-RIE

LED平面发光桌灯
型号:LE-R3150
价格:5890日元

折叠状态下无法判断
其为何物……

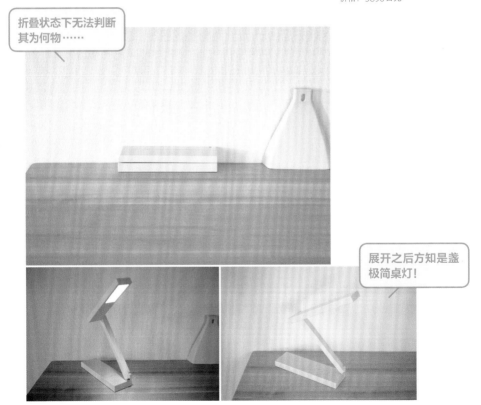

展开之后方知是盏
极简桌灯!

13 用一个文件盒
为每天必用的现金、账簿实现一元化！

我利用PP文件盒标准型，为自己做了一个"家庭做账套装"。文件盒的1/2尺寸正好可以装下笔记本、计算器、文件等物品，拿取也很方便。盒中放入伙食费等现金以及笔记本、便笺、文具、计算器、零钱包等，现金都从此支出。如果存放在抽屉中，就必须一个个地取出来，而放在文件盒里，就可以连带盒子一起带到自己喜欢的场所进行工作。

→博主yukiko

文件盒收纳空间充裕

PP文件盒标准型_1/2
约宽10×深32×高12厘米
价格：390日元

14 从1日元到500日元硬币
都可收纳的完美尺寸

缴交保育所费用，在自动贩卖机上买东西都需要使用硬币。如果全靠钱包里那些硬币，常常会遭遇"啊，硬币没有了！"的窘境。但是如果家里用一个无印良品的S码PP药丸盒，就可以存放硬币以备急用。虽说是药丸盒，但从1日元到500日元硬币都正好装得下。隔板将盒内切分成6格，可以存放6种面值的硬币。有了足够的硬币库存，再也不担心急用时找不到了。

→博主pyokopyokop

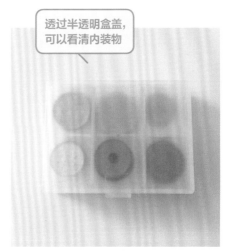

透过半透明盒盖，可以看清内装物

PP药丸盒·S　8.5×6.6×2厘米　价格：150日元

其他

越用越爱不释手的
厨房便利杂货6选

01 材质坚固&造型简约
易于清洗，长保卫生

我家厨房的汤勺、料理勺、计量勺、菜刀等，全部都是无印良品的产品。每次要换新的时候，我都会反复对比不同厂家、不同品牌，但最后还是首选无印良品（笑）。因为经验告诉我，最好用的还是这个品牌。

在用不锈钢锅铲烹调的过程中，有些凝固了的食材会黏在锅铲表面，但只要泡在水中片刻后便可清洗干净，或用钢丝球刷得又亮又干净，永远不会留下污渍。而且就算用力过猛，也不会伤及锅铲表面。

无印良品的所有厨房用品都有着极简的设计，因此易于清洗，可以长保卫生。而且，计量勺除了计量功能之外，也可以用来搅拌液体。厨房用品的高通用性也减少了多余的清洗，这一点令我对它们爱罢不能。

→博主yukiko

这一列优秀的厨房用品全部出自奉行"简单即最好"的无印良品

并排悬挂更具统一感

1 不锈钢锅铲　约宽8.5×长33厘米、柄24厘米
价格：890日元
2 不锈钢汤勺/大　约宽8.5×长30厘米、柄24厘米
价格：790日元
3 不锈钢汤勺/小　约宽7.5×长25.5厘米、柄20厘米　价格：690日元
4 硅胶料理勺　长约26厘米　价格：850日元
5 长柄计量勺/大　约15毫升/约5×长19.5厘米
价格：390日元
6 竹筷　30厘米　价格：150日元
7 全不锈钢三德菜刀　刀身约17厘米
价格：2890日元

❶ ❷ ❸ ❹ ❺ ❻ ❼

02 抹布、牛奶盒
用**不锈钢丝夹**挂起晾干

无印良品的经典产品——不锈钢悬挂式钢丝夹，在各个角落里都可以发挥重要的作用。我家的各个地方也都有它的身影，比如挂在抽油烟机上，可以用来悬挂并晾干抹布或牛奶盒。乍看之下，它只是一个不锈钢的晾衣夹，但只需一个挂钩的设计就增加了如此好用的功能，是众多令我心生感动的无印良品的产品之一。另外一个是贴在抽油烟机上的机械式厨房计时器，时间设置简单，是我选择它的原因。

→博主yuu_425

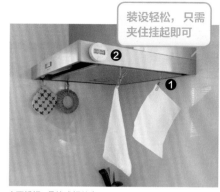

装设轻松，只需夹住挂起即可

1 不锈钢_悬挂式钢丝夹
4个装·约宽2×长5.5×高9.5厘米　价格：390日元
2 机械式厨房计时器　TD_393　价格：1490日元

03 **白瓷碗**适用各种料理
既可装饭也可装面！

无印良品的白瓷碗造型简单，看起来小巧玲珑，一试才知道容量恰到好处。无论用来盛饭还是盛面，都能将料理映衬得更加美味，一年到头都活跃在我家的餐桌上。

我个人喜欢轻薄的质地以及淡蓝的色调。它没有多余的装饰，材质光滑，清洗方便。同时，我也很喜欢使用木制方形托盘（约宽27×深19×高2厘米），与白瓷碗匹配度极高！

→博主蜗居

看起来小，盛放量大！

1 白瓷碗·小　约直径13.5×高7厘米　价格：490日元
2 木制 方形托盘　约宽27×深19×高2厘米
价格：1490日元

04 木制托盘是家中的重要用具
微卷的边缘设计，不必担心液体外漏！

木制方形托盘共有3种尺寸，我家的这款约宽27×深19×高2厘米，用于盛放餐食。除了早餐、晚餐，还在下午茶时间里用来盛放点心和咖啡。因此，它一年到头都在为我们服务，从不休假。

水曲柳的木纹以及托盘的色调都体现着自然的风格，无论盛放什么都自成风景，且材质厚实，坚固耐用。

另外，托盘的边缘微卷，完全不必担心液体外漏，擦拭餐桌的工作量大减。如果家中有孩子的话，使用这款托盘会是一个省心之选。

→博主yuu_425

盛装晚餐之外，也便于下午茶时间使用

木制方形托盘
约宽27×深19×高2厘米
价格：1490日元

无论盛放什么都自成风景

05 尺寸相同，恰好重叠！可以简单密封的出众容器

在无印良品的商品中，我最推崇的是附带阀聚丙烯可当作保存容器的便当盒。只需拔起位于盒盖中央的凸起，即可将其打开。不过，连同盒盖一起也可以在微波炉中加热。面条、沙拉、甜品……每一样食物都可以分别放在便当盒中带走。而且相同尺寸的便当盒刚好可以重叠，这一点也让人很舒服。便当盒有白、黑两色，我选的是黑色。它可以衬托出食物的美好，也不会掉色。各种尺寸都有，每一种我都想入手。

→博主mujikoko-RIE

收纳容量出人意料！

1 附带阀聚丙烯可当作保存容器的便当盒/黑/正方形
约460毫升　价格：590日元
2 附带阀聚丙烯可当作保存容器的便当盒/黑/长方形
约325毫升　价格：490日元
3 筷子套装/黑色　约长20×宽3×高1.5厘米
价格：590日元

06 形状小巧 适合单手抓握！

买这个刷帚是有些轻率的，当时纯粹是因为喜欢无印良品。但是自从开始使用，便为它的魅力所折服了。它形状小巧，如同专为女性而设计，抓在手中既趁手又轻便。且硬度适中，用起来的手感出人意料。

与它的优越性相对的，是120日元的超实惠售价。尽管它造型简单，但去除一切多余装饰的设计却深得我心。它是作为蔬菜专用刷帚，被请到我家厨房来的。

→博主yukiko

挂在水槽附近，是我的常用之物

刷帚
约宽5×长11×高3厘米
价格：120日元

最想拥有的文具&有效利用创意7选

01 小开本的A5尺寸
携带、收纳都方便

无印良品的笔记本是每天伴我来去的随身之物，我用它们在家中管理家庭收支，带去公司做资格培训笔记，还用来总结未来20年生活中发生的种种事件……

小开本的A5尺寸，无论携带还是收纳都很方便。出门时直接塞进包里即可。

封面是素色的，因此无论将它作为左开页还是右开页都无妨，而且可以为它写上一个漂亮的名字。这种不动声色的功能性也正是其魅力所在。

无印良品的笔记本分素色、横线、方格等许多品类，可以根据用途自由选择。

→博主pyokopyokop

小巧的A5尺寸便于摊开在书桌上

素色封面上可以任意书写标题

笔记本/6毫米横线
A5/内页线间距6毫米/30页/线装
价格：80日元

02 方格笔记本
让文字和线条工整、笔直!

方格笔记本的优势是便于我们工整地书写文字，以及笔直地描画线条。无印良品的方格笔记本，内页结构相当简单，且仅1面为方格设计。左图是我在某个讲座上做的笔记，我在同一个主题下将一个跨页4等分，在不同区域记录不同的要点。在许多类似的场合中，它都是我的有力助手。

笔记本的尺寸多种多样，我个人用得最称手的还是A5尺寸，因为1页的空间便足以匹配我的内容量。30页的笔记本体量轻薄，所以基本都能物尽其用，写完为止。这个尺寸和页数对我而言都是恰到好处。

→博主yukiko

笔记本/5毫米方格
A5/深灰色/30页/线装
价格：89日元

03 个头小，不起眼
美纹纸胶带好搭档

在我家里，我会在美纹纸胶带上标注食材的保质期、搪瓷锅或保鲜盒中的盛装物。既然有胶带，又怎么能少了它的好搭档——亚克力胶带座呢?

这款迷你胶带座，与细长的美纹纸胶带堪称绝配。一般直接收在厨房里以便随时取用，小小巧巧的身形经常会让人忽略它的存在。

它的设计简单、优美，体量轻巧，使用方便，收纳起来不显山不露水……每一个优点都让我对它爱不释手。

→博主pyokopyokop

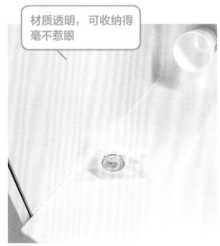

材质透明，可收纳得毫不惹眼

亚克力胶带座　小/透明胶带用　价格：120日元

04 纸质坚韧、色调柔和
与室内装修风格相得益彰

沾水可贴的浴室墙贴系列，包括"假名表""九九乘法表""地图""涂鸦""字母表"5种。这原本是贴在浴室中的墙贴，但我突发奇想——要是贴在孩子的房间里，不是更可爱吗？

除了沾水可以贴在墙上的特性之外，这款墙贴的材质特别坚韧，模拟彩色粉笔的色调将房间的氛围衬托得十分柔和。虽然是儿童文具，但风格却与室内装修十分和谐。真不愧是无印良品啊！如果另外购买画笔，还可以在墙贴上写写画画。

→博主 kamome

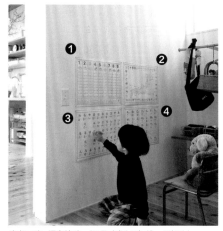

沾水可贴_浴室墙贴　B3尺寸/适用年龄：3岁以上
1 九九乘法表　**2** 地图　**3** 假名表　**4** 字母表
价格：各990日元

05 将明信片、信封、方连邮票收在一起
做成一个书信套装

薄型票券收纳夹特别适合带在旅途中，用来收纳票据、收条、小广告等。这样一来，钱包里就不会再被收条、收据之类占得鼓鼓囊囊了。它身材纤薄，折叠起来可以装A4纸，大张传单也没问题。有了它，记录着旅途中珍贵回忆的纸质资料就可以漂漂亮亮地带回家中保存。如果再放入方连邮票、便笺、明信片，就可以做成一个书信套装了。

→博主 mujikoko-RIE

> 信封、明信片也可以美美地收纳

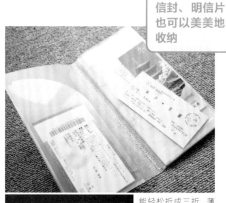

能轻松折成三折_薄型票券收纳夹
A4三折尺寸/6个内袋
价格：190日元

06 用圆珠笔在不易透页笔记本上 可以潇洒书写

每天清晨，我都会将一天的所思所想记录在植林木纸_不易透页双环笔记本上，做成我的"晨间笔记"。我经常用的是牛皮纸封面的笔记本，但当我决定书写晨间笔记时，这款深灰色的笔记本一下便映入了我的眼帘。这款双环笔记本的每一张内页都可平展开来，即使用圆珠笔大力书写，也不容易透页。自从通过晨间笔记来整理思绪之后，我在手账上书写的内容也变得完整和便于记录和浏览。

→博主yukiko

高雅的深灰色
也能打动人心

植林木纸_不易透页双环笔记本
B5/48页/7毫米横线/深灰色
价格：120日元

07 完美保管私章—— 带朱红印泥的印章盒

这款造型简单、易用的印泥印章盒，是在我最需要的时候找到的。至今盖过100个章，印泥损耗很快，已经用完换新的了。这款印泥一般适用于直径13.5毫米的印章，15毫米的也可勉强装下。公章等重要的印章，我一般另外单独存放，但用于签收快递的印章只要放在此盒中即可。它的轻巧便利、不浪费正是无印良品的特点。盒中还为印泥加了盖子，以防干燥。

→博主mujikoko-RIE

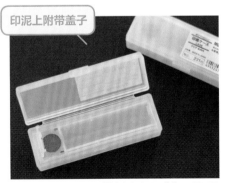

印泥上附带盖子

聚丙烯印章印泥盒　透明/带朱红色印泥　价格：190日元

达人们都在使用什么**无印良品**好物呢？

大公开！

本书邀请的生活达人
向我们展示了为他们的日常生活
提供种种便利的无印良品好物。
不妨进入他们的社交网站深入了解，
为自己的生活找到更多可资参考的范本。

---

ins博主
ayumi（九州）

在租来的公寓中过着快乐的生活，虽然有5岁、1岁两个孩子，却能够将房间整理、收纳得十分周全。

https://www.instagram.com/ayumi._.201/

咖喱·辛辣料理研究专家
一条纹子（东京都）

生于新潟县，是一位咖喱·辛辣料理研究专家。一年中有800餐食用咖喱，与速食咖喱相关的研究逾3000餐。目前正在厨师的协助下，进行菜谱、菜单开发及产品制作。自制咖喱软罐头"明日咖喱"正在市面销售。

https://monko.club/

---

ins博主
emiyuto（福冈县）

通过ins发布其与丈夫、13岁的儿子、10岁的女儿在北欧风装修的家中生活的日常。您可以着重关注其如何利用无印良品的工具，来打扫、整理房间。

https://www.instagram.com/emiyuto/

---

ins博主
kamome（兵库县）

从她的博客中，可以看到她简约、质朴却又不失时尚的生活，这也正是她的博客走红的原因。在无印良品的商品中，除了必备的聚丙烯收纳系列之外，她在沐浴用品及其他小物品的使用方面也颇有心得。

https://www.instagram.com/lokki_783/

---

ins博主
kanon（埼玉县）

在kanon的主页上，宠物猫与美味点心的帖子令人眼花缭乱。除了分享如何使用无印良品的食品来制作美食之外，关于整理、收纳技巧的帖子也值得细细观摩。

https://www.instagram.com/kanon2017/

博主
蜗居（北海道）

在这个名为"蜗居"的博客中，我们看到了一个温暖的木材＋黑白色调的空间，以及博主与丈夫、上小学的女儿、一条吉娃娃狗在一居室中的日常生活。博主钟爱无印良品的家具和收纳用品。

http://emibei.blog.jp/

整理收纳顾问
littlekokomuji（千叶县）

博主作为一名整理收纳顾问，也是所谓的"MUJIER"①，热爱大自然情调和北欧风。著有《物尽其用！无印良品》（讲谈社出版）。

① 指特别钟爱无印良品的人群。

https://littlekoko.exblog.jp/

---

ins博主
konacchan30（大阪府）

从博主时尚的外形，完全无法将其对标到一位拥有2岁儿子的母亲身上。目前，她ins粉丝量达7万2000人，是一名超人气博主。在无印良品的商品中，最钟爱上衣。

https://www.instagram.com/konacchan30/

---

ins博主
pyokopyokop（关东）

博主的日常生活走的是清爽、简约的路线，其博客中最受欢迎的是关于收纳、打扫的帖子。无印良品最打动博主的点在于，大部分商品设计简约，无须多加打理。

https://www.instagram.com/pyokopyokop/

ins博主
ta＿＿＿kurashi（广岛县）

她以一篇名为"与身高相称的简单生活"的帖子，一时间在ins获得超高人气。喜欢使用无印良品的收纳用品，尤其看重小物品收纳的便利性。

https://www.instagram.com/ta＿＿＿kurashi/

ins博主
shiroiro.home

日本1级整理收纳顾问，日本化妆品1级检定师。致力于简单生活，让收纳不再勉为其难，轻轻松松就能长保家中整洁。爱用无印良品的收纳用品。

https://www.yooying.com/shiroiro.home

ins博主
tomoa（岩手县）

拥有3岁和不满1岁的儿子，一家4口在建筑面积35平方米的一居室中生活。在博客中，除了介绍适合房间简约布置的无印良品收纳用品之外，还有对扫除技巧的详细介绍。

https://www.instagram.com/tomoa.jp/

ins博主
akane（千叶县）

一家4口，外加2条爱犬。无印良品的收纳用品、文具都是博主日常爱用之物。以白色为基调的房间，没有多余陈设的简单生活已成为粉丝们争相模仿的样本。

https://www.instagram.com/neppe＿＿＿ks/

博主
mujikko-RIE（熊本县）

她是2个男孩的母亲，也是一名整理收纳顾问及专栏作家。只要是无印良品的粉丝，一定都读过由其执笔的超级畅销书《良品生活》。著书还有《寻找能够长期使用与热爱的"无印良品"》(主妇之友出版)。

http://ryouhinseikatsu.blog.jp/

ins博主
kaori（宫城→青森）

博主每天为就读短大2年级、高中3年级的姐妹俩准备便当。每日新闻、日经MJ等媒体都曾经刊登过她制作的精美便当，她也因此而吸粉无数。

https://www.instagram.com/nena.rio.obento/

ins博主
yuu_425（未披露）

育有6岁、3岁两个儿子。访客可以在她的超人气ins博客上，看到她的家庭、内部装饰以及日常生活的方方面面。她尤其偏好北欧风、简约风的家具以及简单实用的收纳用品。

https://www.instagram.com/yuu＿＿＿425/

ins博主
yuka.home（未披露）

拥有4岁和2岁女儿的职场妈妈。除了享受日常生活的乐趣之外，她还对室内装修及整理收纳有着浓厚的兴趣，善于将无印良品与北欧风杂货搭配出自然融合的效果。

https://www.instagram.com/yuka.home/

博主
yukiko（埼玉县）

"有余裕的简单生活"是博主在livedoor Blog①上的官方博客。她和丈夫，2个孩子，宠物猫、狗一起生活，喜欢喝红茶，是一名简约主义者，追求在狭小空间中愉快而简单地生活。

———

①：由LINE株式会社运营的门户网站。

http://yutori-simple.com

ins博主
yk.apari（未披露）

一名极简主义者，奉行在生活中拥有最低限度必需品的准则。在设计简约的无印良品中，主要使用杂物收纳用品。

https://www.instagram.com/yk.apari/

《 日本最美小镇行旅 》

《日本最美小镇行旅》

作者：[日]美丽小镇研究会

译者：方宓

定价：79.80元

ISBN：978-7-5680-6045-5

出版日期：2020.6

    小镇，对于生活在大都市的人们，总是有股特殊的魅力。它可以让人们暂别城市的喧嚣，于忙碌日常中获得些许休息。

    日本各地有许多美丽的小镇，它们或许是浪漫水乡，或许是温泉圣地，或许是有神灵寄居的神秘山谷，又或者是日本皇室的避暑圣地。每一个小镇的共同点，就是美丽而静谧。当旅客们漫步在小巷中，或是品味着季节限定的点心与当地人交谈，就会体会到与东京、大阪这样的旅游圣地截然不同的一番风情，这也许就是所谓的"素颜街道"吧。

    本书精选119个日本美丽小镇，兼顾长途与短程的行程规划，满足不同游客的需求。带上这本书，来一场让心灵放假的旅行吧，您会走入未曾发现的小镇，认识不同面貌的日本。

《 遇见全世界65个魅力市集 》

《遇见全世界65个魅力市集》

作者：[日]株式会社无限知识

译者：徐蓉

定价：69.80元

ISBN：暂无

出版日期：2020.9

　　无论在世界各地访问哪个城市，总会有市集。市集是一个充满无限吸引力的地方，想了解这个城市，就要去当地的市集，因为它是这个城市最接地气的地方，同时也鉴证了这个城市发展的历史。本书介绍了全世界65个城市的特色市集，遍布欧洲、美洲、中东、非洲、亚洲和大洋洲。从泰国的水上市集到法国尼斯萨莱亚广场后的早市，从北京的潘家园旧货市集到西班牙巴塞罗那的跳蚤市集，从澳大利亚悉尼的维多利亚女王市集到德国德累斯顿的圣诞市集，每一个市集都有独特的文化和风景，就像这座城市的名片一样。本书是一本全面的世界市集指南，无论你是厨师、主妇、收藏爱好者还是旅行爱好者，都能在这本书中找到乐趣所在。

图书在版编目（CIP）数据

无印良品的极简生活提案／日本株式会社良品计划编著；方宓译. —武汉：华中科技大学出版社，2020.8
ISBN 978−7−5680−6316−6

Ⅰ.①无… Ⅱ.①日… ②方… Ⅲ.①家庭生活−基本知识 Ⅳ.①TS976.3

中国版本图书馆CIP数据核字（2020）第114404号

MUJIRUSHI RYOUHIN DE SUKKIRI KURASHI TO SHOUNOU NO IDEA
©X-Knowledge Co., Ltd. 2019
Originally published in Japan in 2019 by X-Knowledge Co., Ltd.
Chinese (in simplified character only) translation rights arranged with
X-Knowledge Co., Ltd. TOKYO, through g-Agency Co., Ltd, TOKYO.

本作品简体中文版由日本X-Knowledge授权华中科技大学出版社有限责任公司
在中华人民共和国境内（但不含香港、澳门和台湾地区）出版、发行。

湖北省版权局著作权合同登记　图字：17−2020−113号

无印良品的极简生活提案
Wuyinliangpin de Jijian Shenghuo Ti'an

[日] 株式会社良品计划　编著
方宓　译

出版发行：华中科技大学出版社（中国·武汉）　电话：(027) 81321913
　　　　　北京有书至美文化传媒有限公司　　电话：(010) 67326910−6023
出 版 人：阮海洪

责任编辑：莽　昱　康　晨
责任监印：徐　露　郑红红　　　　封面设计：邱　宏

制　　作：北京博逸文化传播有限公司
印　　刷：艺堂印刷（天津）有限公司
开　　本：635mm×965mm　　1/32
印　　张：4
字　　数：52千字
版　　次：2020年8月第1版第1次印刷
定　　价：69.80元